装备科技译著出版基金

船舶铁磁特征的建模

Modeling a Ship's Ferromagnetic Signatures

[美] 约翰·J. 福尔摩斯（John J. Holmes） 著

孙玉东 王飞 李文姬 译

国防工业出版社

·北京·

著作权合同登记　图字:军-2019-017号

图书在版编目(CIP)数据

船舶铁磁特征的建模/(美)约翰·J. 福尔摩斯
(John J. Holmes)著;孙玉东,王飞,李文姬译.
北京:国防工业出版社,2024.5. —ISBN 978-7-118-13367-7

Ⅰ. U661.3

中国国家版本馆 CIP 数据核字第 20245TG541 号

Original English language edition published by Morgan & Claypool Publishers
Modeling a Ship's Ferromagnetic Signatures
Copyright © 2007 Morgan & Claypool Publishers
The simplified Chinese translation rights arranged through Rightol Media(本书中文简体版权经由锐拓传媒取得 Email:copyright@ rightol. com)

※

国防工业出版社出版发行

(北京市海淀区紫竹院南路23号　邮政编码100048)
北京虎彩文化传播有限公司印刷
新华书店经售

＊

开本710×1000　1/16　印张5　字数90千字
2024年5月第1版第1次印刷　印数1—1000册　定价58.00元

(本书如有印装错误,我社负责调换)

国防书店:(010)88540777　　书店传真:(010)88540776
发行业务:(010)88540717　　发行传真:(010)88540762

目 录

1 引言 ·· 1
   参考文献 ··· 3
2 基本公式 ··· 4
   2.1 电磁学的基本公式 ··· 4
   2.2 坐标系 ··· 7
   2.3 椭球体坐标 ·· 9
   2.4 椭球体坐标中拉普拉斯和泊松方程的解 ················ 13
   参考文献 ··· 16
3 第一原理模型 ··· 17
   3.1 舰船壳体的球模型 ·· 17
   3.2 船舶壳体的长椭球模型 ··· 21
   3.3 偶极矩及其单位 ·· 28
   3.4 消磁线圈的数学模型 ·· 29
   3.5 数值模型 ·· 35
   3.6 铁磁船物理缩比模型 ·· 38
   参考文献 ··· 43
4 半经验模型 ··· 45
   4.1 前向模型 ·· 45
   4.2 逆向模型 ·· 51
   参考文献 ··· 56

5　总结 ·· 57
　　参考文献 ··· 62
附录 I　坐标变换和运算符 ··· 63
　　参考文献 ··· 71
附录 II　毕奥－萨伐尔定律 ·· 72

1 引　　言

在第二次世界大战期间,人们开始深入研究用于预测水面舰艇和潜艇铁磁特征的模型,以确定其对磁引信水雷和监视系统传感器的敏感性。相同的模型也用于评估和优化设计阶段磁特征降低系统的性能。此外,在从第二次世界大战到目前的进攻性和防御性军事系统中,船舶和潜艇的铁磁模型都获得了非常广泛的应用[1]。

由于20世纪40年代早期的计算能力较弱,数学模型仅限于解析公式,这些公式非常简单,以至于可以使用计算尺或机械加法器进行计算。这些简单的模型只能用于预测略大于船宽距离上船舶磁场的一般特征。当时,对于非常接近铁磁船壳的具有高可信度的磁特征,只能通过详细的物理缩比模型(Physical Scale Models,PSM)预测,为此还发展了磁缩比定律和模型装配规程,并建立了大型的专业磁测试实验室测量模型的特征。在随后的冷战期间,PSM仍然是预测舰艇或潜艇高分辨率铁磁近场特征的主要方法,预测距离远远小于模型的长度。

舰艇铁磁场数学建模的进步,从侧面反映了电子计算机技术的发展。更快的数值处理速度,使得在复杂级数公式的计算中可以包含更高阶项,以提高解析模型的可信度。随着高功能计算机工作站变得普及,基于有限元(Finite Element Method,FEM)或边界元(Boundary Element Method,BEM)方法的数值模型成为实用工具。如果使用得当,将解析和数值数学模型与PSM相结合,可以显著降低舰艇铁磁特征控制系统相关的成本、时间和风险。这些模型还可以用于预测利用水面舰艇和潜艇磁特征的攻击性武器系统的性能。

数学模型可以分为正模型和逆模型两类。正模型基于在可分离坐标系中近似艇体形状的拉普拉斯或泊松方程的解,或者使用基于船舶整个铁磁结构的详细几何形状及其材料特性的 FEM 和 BEM 数值仿真预测舰船的磁特征。一旦模型建造完毕,正模型可以用于预测舰船固定和感应磁化产生的三轴特征(纵向、横向和垂直分量)[1]。正模型可以考虑磁纬度、经度、航向、横摇和俯仰角以及舰船/武器传感器的外形尺寸。

一旦得到磁特征的空间分布并将其转换为所选船速的时间仿真,则可以计算水雷或潜艇监视系统的响应,当然,还需要适当的威胁武器的模型。最终,特定战舰、舰型或战斗群对这些威胁的总体敏感性以及减少磁特征的效果共同构成期望获得的输出。

逆模型的输入是在全尺度船舶或 PSM 上测量得到的磁特征,以及用于重建船舶传感器需要的精确跟踪数据。将场和跟踪数据组合以计算等效源强度,然后将其用作正模型的输入,用于将特征外推到与原始测量不同的其他传感器外形尺寸和环境。鉴于这种类型的模型使用测量数据作为输入,以求解解析方程组中的未知参数,有时称其为半经验模型。实际上,已经将 FEM 的输出与逆向模型和正向解析模型一起使用,以便在预测场的位置超出原始网格的任意边界时减少计算负荷。

磁性船建模的一个主要方面是准确表示特征消减系统对船舶或潜艇无补偿区域的影响。磁特征主动补偿的主要方法是使用消磁系统。消磁系统由放置在整个舰艇中的若干电缆环组成,当系统校准期间通以一定的适当电流时,产生的磁通量分布幅值等于未补偿特征,但具有相反的极性。未补偿或未消磁特征与校准的消磁环的磁特征叠加,产生较小净场。由于各种原因,当使用数学模型以及在某些方面使用 PSM 时,对消磁环特征进行建模非常具有挑战性。

本书的目的是描述和演示适用于舰艇的磁场建模技术。将详细讨论数学公式及其在舰船模型中的应用,但是,为了涵盖更广泛的主题,将避免复杂的公式推导,如后面所提到的,在长椭球坐标系中对拉普拉斯方程的求解方法用于对船舶的磁场特征建模也有一定的可取之处。为此,第 2 章将给出包括标量和矢量运算符的广义坐标系。这些方程将在长椭球坐标系中构成拉普拉斯方程和泊松方程解的基础,这通常也是船舶特征数学建模的选择之一。

第 3 章将使用球体与长椭球体模型预测船舶的感应纵向磁化和各个特征分量。暂时中止关于建模的讨论,转而介绍磁特征降低协会历史上使用的磁场和磁矩非标准单位与国际单位制之间的关系。接着,将使用球体模型证明铁磁外壳对圆形消磁环磁场的影响。在将 FEM 和 BEM 数值技术应用于船舶建模时,简要介绍 FEM 和 BEM 数值技术的优势与使用障碍。此外,还将概述船舶和潜艇的铁磁场 PSM 的设计、构造和测试方法。提出缩比定律以及缩比磁模型的构造技术。最后,本章将概述对缩比模型特征测量的实验室磁性测试设施的要求。

处理全尺度或缩比模型磁特征测量数据的主要目的之一是以等效源或磁化分布的形式表示被测船。这些等效源可以用于具有精细规则的标准网格上,重新生成内插特征,以便确定针对水雷触发的边界轮廓。此外,可以使用相同的等效源模型,将近场特征外推到远场,以评估潜艇对水下或机载磁场监视系统的敏感性(见文献[1]关于这些威胁系统的深入讨论)。将在第 4 章中列出各种类型的等效源正向模型,以及根据测量的特征计算源参数的逆建模方法。最后将详细介绍由于存在噪声和跟踪误差导致的逆模型不稳定问题。

在第 5 章的总结中,将所有船舶建模技术与对模型验证和确认的讨论结合在一起。模型验证将通过比较长椭球体的感应纵向磁化的解析计算结果和磁模型实验室内物理缩比模型的测量结果进行。此外,将 DE 52 级驱逐舰缩比模型的磁特征与全尺度船舶上测量的磁特征比较,进行验证。最后,给出关于现有的磁船建模技术的改进建议,以适应未来的研究需求。

参考文献

[1] J. J. Holmes, *Exploitation of a Ship's Magnetic Field Signatures*, 1st ed. Denver, CO: Morgan & Claypool, 2006.

2 基本公式

2.1 电磁学的基本公式

所有电磁理论和建模方法均来源于麦克斯韦方程。在国际单位制中,麦克斯韦方程以微分形式给出:

$$\nabla \times \boldsymbol{E} = -\frac{\partial \boldsymbol{B}}{\partial t} \quad (2.1)$$

$$\nabla \times \boldsymbol{H} = \boldsymbol{J} + \frac{\partial \boldsymbol{D}}{\partial t} \quad (2.2)$$

$$\nabla \times \boldsymbol{B} = 0 \quad (2.3)$$

$$\nabla \times \boldsymbol{D} = \rho \quad (2.4)$$

式中:$\boldsymbol{E}$ 为电场强度(V/m);$\boldsymbol{B}$ 为磁通密度(T);$\boldsymbol{H}$ 为磁场强度(A/m);$\boldsymbol{J}$ 为电流密度(A/m^2);$\boldsymbol{D}$ 为电位(C/m^2);ρ 为自由电荷密度(C);t 为时间(s)(更全的 SI 单位表示可以参考表 2.1)。

表 2.1 国际单位

物理特性	SI 单位
质量(m)	kg
长度(l)	m
时间(t)	s
力(F)	N
压力(Pa)	Pa
能量,功(W)	J

续表

物理特性	SI 单位
功率(P)	W
电荷(q)	C
电流(I)	A
电场强度(E)	V/m
电势(V)	V
电容(C)	F
电偶极矩(p)	A·m
介电常数(ε)	F/m
电位(D)	C/m²
电阻(R)	Ω
电导(G)	S
电阻率(ρ)	m·Ω
导电率(σ)	S/m
电流密度(J)	A/m²
电感(L)	H
磁通密度(B)	T
磁通量(Φ)	Wb
磁导率(μ)	H/m
磁矢量势(A)	Wb/m
磁偶极矩(M)	A·m²
磁强(H)	A/m

船舶的铁磁场变化缓慢,因此可以认为其是静态的。从而,类似于感应电场中的情形,在麦克韦尔方程中忽略与时间有关的项,即可以将式(2.1)~式(2.4)简化为磁静态形式:

$$\nabla \times \boldsymbol{H} = \boldsymbol{J} \tag{2.5}$$

$$\nabla \times \boldsymbol{B} = 0 \tag{2.6}$$

对于铁磁船的建模问题,所有的磁源要么是在舰艇的壳上,要么是在舰艇内部。因此,水面舰或者潜艇周围(空气、海水或者海底)的空间将被视作自由空间,从而磁导率也等于真空磁导率 $\mu_0 = 4\pi \times 10^{-7} \mathrm{H/m}$。另外,$\boldsymbol{B} = \mu_0 \boldsymbol{H}$。

鉴于壳体以外空间的电流为零($\nabla \times \boldsymbol{H} = 0$),内部在消磁系统关闭时同样如此,这些区域的磁场可以表示为标量势(Φ_m)梯度的形式。在式(2.6)中令 $\boldsymbol{B} = -\mu_0 \nabla \Phi_\mathrm{m}$,则得到拉普拉斯方程

$$\nabla^2 \Phi_\mathrm{m} = 0 \tag{2.7}$$

式中:$\nabla \times \nabla \Phi_\mathrm{m} = 0$。

当电流局限于舰艇内的离散导体时,船舶铁磁结构上的静磁边界条件由以下方程给出:

$$(\boldsymbol{H}_2 - \boldsymbol{H}_1) \times \hat{n} = \boldsymbol{J}_\mathrm{s} \tag{2.8}$$

$$(\boldsymbol{B}_2 - \boldsymbol{B}_1) \cdot \hat{n} = 0 \tag{2.9}$$

式中:$\boldsymbol{H}_2$、$\boldsymbol{H}_1$ 和 $\boldsymbol{B}_2$、$\boldsymbol{B}_1$ 分别为每个边界上的场强和磁通密度;$\boldsymbol{J}_\mathrm{s}$ 为界面的表面电流密度;$\hat{n}$ 为垂直于界面从介质1指向介质2的单位法矢量。应用这些边界条件将得到拉普拉斯方程和泊松方程的唯一解。

消磁线圈内电流沿给定的矢量方向在各电路中流动,因此由闭合电路产生的磁场必然由磁矢量势 $\boldsymbol{A}$ 表示。在式(2.5)中令 $\boldsymbol{B} = \nabla \times \boldsymbol{A}$,并应用从泊松方程中得到的矢量标识,可得:

$$\nabla^2 \boldsymbol{A} = \mu_0 \boldsymbol{J} \tag{2.10}$$

式中:$\nabla \cdot \boldsymbol{A} = 0$。

方程式(2.10)的通解为

$$\boldsymbol{A}(r) = \frac{\mu_0}{4\pi} \int_{V'} \frac{\boldsymbol{J}(r')}{|\boldsymbol{r} - \boldsymbol{r}'|} \mathrm{d}v' \tag{2.11}$$

式中:$|\boldsymbol{r} - \boldsymbol{r}'|$ 为从电流源上的某一点至场观测点的距离。

方程式(2.11)是对包围源的整个体积 V' 上的积分。$1/|\boldsymbol{r} - \boldsymbol{r}'|$ 是格林函数,并且应该以满足边界形状的解析形式表达,而该边界通常是被模拟的船舶或潜艇的船体。

2.2 坐标系

当使用与被模拟物体一致的坐标系时,总是更容易求解方程式(2.7)和式(2.10)。本节将讨论在标准直角坐标系(RCS)、柱坐标系和球坐标系中求解这些方程所需的数学以及长椭球坐标系(Prolate Spheroidal System,PSS)的相关知识。首先,给出广义曲线坐标中的矢量微分算子,至于其他的都可以由其推导得到。

最基本的矢量运算符是标量势的梯度。广义曲线坐标由(q_1,q_2,q_3)给出(表达式和符号参见文献[1])。标量势的梯度为

$$\nabla \Phi(q_1,q_2,q_3) = \hat{e}_1 \frac{1}{h_1}\frac{\partial \Phi}{\partial q_1} + \hat{e}_2 \frac{1}{h_2}\frac{\partial \Phi}{\partial q_2} + \hat{e}_3 \frac{1}{h_3}\frac{\partial \Phi}{\partial q_3} \quad (2.12)$$

式中:$(\hat{e}_1,\hat{e}_2,\hat{e}_3)$为曲线坐标系中三个正交方向的单位矢量;$(h_1,h_2,h_3)$为系统的度量,本身就是坐标的函数,用于描述坐标系在三维空间中的曲度。

微分长度ds_i,da_{ij}和dv的定义为

$$ds_i = h_i dq_i \quad (2.13a)$$

$$da_{ij} = h_i h_j dq_i dq_j \quad (2.13b)$$

$$dv = h_1 h_2 h_3 dq_1 dq_2 dq_3 \quad (2.13c)$$

式中:i和j的取值范围为$1 \sim 3$,并且$i \neq j$。

借助力学中的一个例子解释度量的重要性和功能。机械加速度是速度的导数,其本身就是一个矢量。如果速度沿着直线,则其矢量不改变方向,加速度只是速度矢量幅度的时间变化率。物体速度矢量的大小称为速率。在这种情况下,如果速度恒定,则没有加速度;然而,如果物体以恒定速度在圆中行进,则速度矢量的大小是恒定的,但是由于物体承受离心力,因此仍然存在加速度。这种加速度是由于速度矢量正在改变方向,即使其幅度是恒定的。曲线坐标系的度量正是考虑了这类影响。

根据标量梯度散度和拉普拉斯算子,曲线坐标系中矢量 $\boldsymbol{H}$ 的散度由下式给出:

$$\nabla \cdot \boldsymbol{H}(q_1,q_2,q_3) = \frac{1}{h_1h_2h_3}\bigg[\frac{\partial}{\partial q_1}(H_1h_2h_3)$$

$$+ \frac{\partial}{\partial q_2}(H_2h_1h_3) + \frac{\partial}{\partial q_3}(H_3h_1h_2)\bigg] \quad (2.14)$$

曲线坐标系中广义拉普拉斯算子为

$$\nabla^2 \boldsymbol{\Phi}(q_1,q_2,q_3) = \frac{1}{h_1h_2h_3}\bigg[\frac{\partial}{\partial q_1}\bigg(\frac{h_2h_3}{h_1}\frac{\partial \boldsymbol{\Phi}}{\partial q_1}\bigg)$$

$$+ \frac{\partial}{\partial q_2}\bigg(\frac{h_1h_3}{h_2}\frac{\partial \boldsymbol{\Phi}}{\partial q_2}\bigg) + \frac{\partial}{\partial q_3}\bigg(\frac{h_1h_2}{h_3}\frac{\partial \boldsymbol{\Phi}}{\partial q_3}\bigg)\bigg] \quad (2.15)$$

矢量的旋度是曲线坐标矢量算子中最复杂的,并且可以根据下式计算得到:

$$\nabla \times \boldsymbol{H}(q_1,q_2,q_3) = \hat{e}_1\frac{1}{h_2h_3}\bigg[\frac{\partial}{\partial q_2}(h_3H_3) - \frac{\partial}{\partial q_3}(h_2H_2)\bigg]$$

$$+ \hat{e}_2\frac{1}{h_1h_3}\bigg[\frac{\partial}{\partial q_3}(h_1H_1) - \frac{\partial}{\partial q_1}(h_3H_3)\bigg]$$

$$+ \hat{e}_3\frac{1}{h_1h_2}\bigg[\frac{\partial}{\partial q_1}(h_2H_2) - \frac{\partial}{\partial q_2}(h_1H_1)\bigg] \quad (2.16)$$

还可以表示为更紧凑的形式:

$$\nabla \times \boldsymbol{H}(q_1,q_2,q_3) = \frac{1}{h_1h_2h_3}\begin{vmatrix} \hat{e}_1h_1 & \hat{e}_2h_2 & \hat{e}_3h_3 \\ \dfrac{\partial}{\partial q_1} & \dfrac{\partial}{\partial q_2} & \dfrac{\partial}{\partial q_3} \\ h_1H_1 & h_2H_2 & h_3H_3 \end{vmatrix} \quad (2.17)$$

矢量可以从直角坐标系转换为任何广义曲线坐标系[2]:

$$\begin{pmatrix} H_{q1} \\ H_{q2} \\ H_{q3} \end{pmatrix} = \begin{pmatrix} \dfrac{1}{h_{q1}}\dfrac{\partial x}{\partial q_1} & \dfrac{1}{h_{q1}}\dfrac{\partial y}{\partial q_1} & \dfrac{1}{h_{q1}}\dfrac{\partial z}{\partial q_1} \\ \dfrac{1}{h_{q2}}\dfrac{\partial x}{\partial q_2} & \dfrac{1}{h_{q2}}\dfrac{\partial y}{\partial q_2} & \dfrac{1}{h_{q2}}\dfrac{\partial z}{\partial q_2} \\ \dfrac{1}{h_{q3}}\dfrac{\partial x}{\partial q_3} & \dfrac{1}{h_{q3}}\dfrac{\partial y}{\partial q_3} & \dfrac{1}{h_{q3}}\dfrac{\partial z}{\partial q_3} \end{pmatrix} \begin{pmatrix} H_x \\ H_y \\ H_z \end{pmatrix} \quad (2.18)$$

而逆变换是坐标系正交时方程式(2.18)中方阵的转置。因此，曲线坐标系到直角坐标系的逆向量变换由下式给出：

$$\begin{pmatrix} H_x \\ H_y \\ H_z \end{pmatrix} = \begin{pmatrix} \dfrac{1}{h_{q1}}\dfrac{\partial x}{\partial q_1} & \dfrac{1}{h_{q2}}\dfrac{\partial x}{\partial q_2} & \dfrac{1}{h_{q3}}\dfrac{\partial x}{\partial q_3} \\ \dfrac{1}{h_{q1}}\dfrac{\partial y}{\partial q_1} & \dfrac{1}{h_{q2}}\dfrac{\partial y}{\partial q_2} & \dfrac{1}{h_{q3}}\dfrac{\partial y}{\partial q_3} \\ \dfrac{1}{h_{q1}}\dfrac{\partial z}{\partial q_1} & \dfrac{1}{h_{q2}}\dfrac{\partial z}{\partial q_2} & \dfrac{1}{h_{q3}}\dfrac{\partial z}{\partial q_3} \end{pmatrix} \begin{pmatrix} H_{q1} \\ H_{q2} \\ H_{q3} \end{pmatrix} \quad (2.19)$$

使用方程式(2.12)～式(2.19)和适当的坐标变换，可以在任何正交坐标系中计算方程式(2.7)和式(2.10)的解。作为参考，在附录Ⅰ中，除了直角坐标系、柱坐标系和球坐标系之间的标量和矢量变换，还给出了直角坐标系、柱坐标系和球坐标系的矢量算子。

2.3 椭球体坐标

由于水面舰艇和潜艇的长度通常大于宽度，因此在三维空间中对其磁场进行建模的最佳坐标系是PSS。本章将讨论RCS和PSS之间的坐标和矢量转换，以及它的梯度、散度、拉普拉斯算子、旋度算子和格林函数。然后，在第3章将PSS应用于船舶特征的建模。

传统上，磁船建模者已将x坐标与船舶的纵向（长轴）对齐，但是，一些会使用z轴作为PSS中的长轴。由于这里是对磁特征建模的讨论，因此选择后者作为讨论的基础。

虽然稍微涉及一些,但 PSS 的坐标变换和矢量算子的推导与圆柱和球面相同。具有坐标(ξ,η,φ)的 PSS 的三维图如图 2.1(a)所示,沿 $y-z$ 平面切面的二维视图如图 2.1(b)所示。ξ 坐标的范围为 1~∞,并且当保持不变时,产生椭圆体表面。在 -1~1 的 η 坐标保持不变时,会产生双曲面。φ 坐标与柱坐标系和球坐标系的坐标相同,并且当保持不变时,沿着 0~2π 范围内的任意一个角度产生平面。

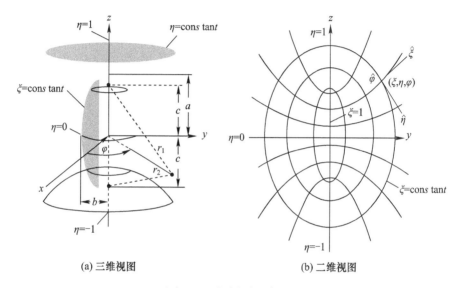

(a) 三维视图   (b) 二维视图

图 2.1　长椭球坐标系

在继续讨论矢量运算符之前,首先讨论从 RCS 到 PSS 以及从 PSS 到 RCS 的坐标转换。PSS 到 RCS 的转换[1]为

$$x = c\sqrt{(\xi^2-1)(1-\eta^2)}\cos\varphi \qquad (2.20a)$$

$$y = c\sqrt{(\xi^2-1)(1-\eta^2)}\sin\varphi \qquad (2.20b)$$

$$z = c\xi\eta \qquad (2.20c)$$

RCS 到 PSS 的逆变换为

$$\xi = \frac{r_2+r_1}{2c} \qquad (2.21a)$$

$$\eta = \frac{r_2-r_1}{2c} \qquad (2.21b)$$

$$\varphi = \arctan\left(\frac{y}{x}\right) \tag{2.21c}$$

式中:

$$r_1 = \sqrt{x^2 + y^2 + (z-c)^2}$$

$$r_2 = \sqrt{x^2 + y^2 + (z+c)^2}$$

$$c = \sqrt{a^2 - b^2}$$

其中:a、b 分别为一个以 $\pm c$ 为焦点的球体的半长和半宽。

在一些书籍中,PSS 会表示为(u,v,φ)($0 \leqslant u \leqslant \infty$,$0 \leqslant v \leqslant \pi$ 和 $0 \leqslant \varphi \leqslant 2\pi$),并与在此使用的 $\xi = \cosh u$ 和 $\eta = \cos v$ 有关,且 φ 保持不变。

需要 PSS 中的度量制定矢量变换和运算符。PSS 度量为

$$h_\xi = c\sqrt{\frac{\xi^2 - \eta^2}{\xi^2 - 1}} \tag{2.22a}$$

$$h_\eta = c\sqrt{\frac{\xi^2 - \eta^2}{1 - \eta^2}} \tag{2.22b}$$

$$h_\varphi = c\sqrt{(\xi^2 - 1)(1 - \eta^2)} \tag{2.22c}$$

将方程式(2.22)代入方程式(2.18)和式(2.19)将得到 RCS 到 PSS 以向量形式表示的变换,即

$$H_\xi = \xi\sqrt{\frac{1-\eta^2}{\xi^2-\eta^2}}\cos\varphi H_x + \xi\sqrt{\frac{1-\eta^2}{\xi^2-\eta^2}}\sin\varphi H_y + \eta\sqrt{\frac{\xi^2-1}{\xi^2-\eta^2}}H_z$$

$$\tag{2.23a}$$

$$H_\eta = -\eta\sqrt{\frac{\xi^2-1}{\xi^2-\eta^2}}\cos\varphi H_x - \eta\sqrt{\frac{\xi^2-1}{\xi^2-\eta^2}}\sin\varphi H_y + \xi\sqrt{\frac{1-\eta^2}{\xi^2-\eta^2}}H_z$$

$$\tag{2.23b}$$

$$H_\varphi = -\sin\varphi H_x + \cos\varphi H_y \tag{2.23c}$$

PSS 到 RCS 的逆变换为

$$H_x = \xi\sqrt{\frac{1-\eta^2}{\xi^2-\eta^2}}\cos\varphi H_\xi - \eta\sqrt{\frac{\xi^2-1}{\xi^2-\eta^2}}\cos\varphi H_\eta - \sin\varphi H_\varphi \quad (2.24a)$$

$$H_y = \xi\sqrt{\frac{1-\eta^2}{\xi^2-\eta^2}}\sin\varphi H_\xi - \eta\sqrt{\frac{\xi^2-1}{\xi^2-\eta^2}}\sin\varphi H_\eta + \cos\varphi H_\varphi \quad (2.24b)$$

$$H_z = \eta\sqrt{\frac{\xi^2-1}{\xi^2-\eta^2}}H_\xi + \xi\sqrt{\frac{1-\eta^2}{\xi^2-\eta^2}}H_\eta \quad (2.24c)$$

两个坐标系之间的坐标和矢量变换是正交的。

PSS 中的完整标量梯度、散度、拉普拉斯算子和旋度算子可以通过组合方程式(2.22)和方程式(2.12)~式(2.16)得到。得到的标量势的梯度为

$$\nabla\Phi = \hat{\xi}\frac{1}{c}\sqrt{\frac{\xi^2-1}{\xi^2-\eta^2}}\frac{\partial\Phi}{\partial\xi} + \hat{\eta}\frac{1}{c}\sqrt{\frac{1-\eta^2}{\xi^2-\eta^2}}\frac{\partial\Phi}{\partial\eta} + \hat{\varphi}\frac{1}{c}\frac{1}{\sqrt{(\xi^2-1)(1-\eta^2)}}\frac{\partial\Phi}{\partial\varphi}$$

$$(2.25)$$

散度为

$$\nabla\cdot\boldsymbol{H} = \frac{1}{c(\xi^2-\eta^2)}\left[\frac{\partial}{\partial\xi}\left(H_\xi\sqrt{(\xi^2-\eta^2)(\xi^2-1)}\right)\right.$$

$$+ \frac{\partial}{\partial\eta}\left(H_\eta\sqrt{(\xi^2-\eta^2)(\xi^2-1)}\right)$$

$$\left. + \frac{\partial}{\partial\varphi}\left(H_\varphi\frac{\xi^2-\eta^2}{\sqrt{(\xi^2-\eta^2)(\xi^2-1)}}\right)\right] \quad (2.26)$$

为了完成 PSS 的矢量运算符,拉普拉斯算子可以表示为

$$\nabla^2\Phi = \frac{1}{c^2(\xi^2-\eta^2)}\left[\frac{\partial}{\partial\xi}\left((\xi^2-1)\frac{\partial\Phi}{\partial\xi}\right) + \frac{\partial}{\partial\eta}\left((1-\eta^2)\frac{\partial\Phi}{\partial\eta}\right)\right.$$

$$\left. + \frac{\xi^2-\eta^2}{(\xi^2-1)(1-\eta^2)}\frac{\partial^2\Phi}{\partial\varphi^2}\right] \quad (2.27)$$

旋度算子由下式给出：

$$\nabla \times \boldsymbol{H} = \frac{\hat{e}_\xi}{c} \left[\frac{1}{\sqrt{\xi^2 - \eta^2}} \frac{\partial}{\partial \eta} (\sqrt{1-\eta^2} H_\varphi) - \frac{1}{\sqrt{(\xi^2-1)(1-\eta^2)}} \frac{\partial H_\eta}{\partial \varphi} \right]$$

$$+ \frac{\hat{e}_\eta}{c} \left[\frac{1}{\sqrt{(\xi^2-1)(1-\eta^2)}} \frac{\partial H_\xi}{\partial \varphi} - \frac{1}{\sqrt{\xi^2-\eta^2}} \frac{\partial}{\partial \xi} (\sqrt{\xi^2-1} H_\varphi) \right]$$

$$+ \frac{\hat{e}_\varphi}{c} \left[\sqrt{\frac{\xi^2-1}{\xi^2-\eta^2}} \frac{\partial}{\partial \xi} (\sqrt{\xi^2-\eta^2} H_\eta) - \sqrt{\frac{1-\eta^2}{\xi^2-\eta^2}} \frac{\partial}{\partial \eta} (\sqrt{\xi^2-\eta^2} H_\xi) \right]$$

(2.28)

为便于参考，PSS 的坐标变换和矢量算子已在附录 I 给出。

2.4 椭球体坐标中拉普拉斯和泊松方程的解

与更普遍的直角坐标系情况一样，可以通过变量分离方法计算 PSS 中拉普拉斯方程的解。假设方程式(2.27)解的形式为

$$\Phi(\xi, \eta, \varphi) = \Psi(\xi) X(\eta) \Theta(\varphi) \tag{2.29}$$

式中：$\Psi(\xi)$、$X(\eta)$ 和 $\Theta(\varphi)$ 是分离变量。

将方程式(2.29)代入方程式(2.27)，可以将其分解表示为三个正交微分方程的形式，即

$$\frac{d^2 \Theta}{d\varphi^2} = -m^2 \Theta \tag{2.30}$$

$$\frac{d}{d\eta} \left[(1-\eta^2) \frac{dX}{d\eta} \right] + n(n+1)X - \frac{m^2}{1-\eta^2} X = 0 \tag{2.31}$$

$$\frac{d}{d\xi} \left[(1-\xi^2) \frac{d\Psi}{d\xi} \right] + n(n+1)\Psi - \frac{m^2}{1-\xi^2} \Psi = 0 \tag{2.32}$$

式中：n、m 分别为 $0 \leq n < \infty$ 和 $0 \leq m \leq n$ 区间内的分离常数。

三个变量的原始偏微分方程式(2.27)被分为三个常微分方程（式(2.30)～式(2.32)），从而可以单独求解。

很容易求解得到三个分离的常微分方程的解。方程式(2.30)的解是$\sin(m\varphi)$和$\cos(m\varphi)$,并且是φ和分离常数m的谐波函数。方程式(2.31)和式(2.32)的形式相同,其解是第一类和第二类的相关勒让德函数,并且分别以符号表示为P_n^m和Q_n^m(度数n和阶数m)。P_n^m和Q_n^m的级数解、标识和性质可以参见文献[5]的附录Ⅴ。

因为方程式(2.27)是线性的,所以分离方程式(2.30)~式(2.32)的解的组合也是拉普拉斯方程的有效解。如果方程式(2.27)所需的长椭球坐标解用于从船体延伸的空间,该空间可能由椭球$\xi = \xi_0$向外扩展到∞,那么该区域中的一般解为

$$\Phi(\xi,\eta,\varphi) = \sum_{n=0}^{\infty}\sum_{m=0}^{\infty}(A_{nm}\cos(m\varphi) + B_{nm}\sin(m\varphi))P_n^m(\eta)Q_n^m(\xi)$$

(2.33)

式中:A_{nm}、B_{nm}为应用边界条件式(2.8)和式(2.9)确定的常数。

即使$P_n^m(\xi)$和$Q_n^m(\xi)$是方程式(2.32)的有效数学解,然而在此空间区域内仅$Q_n^m(\xi)$是有效解,因为当$\xi \to \infty$时,$Q_n^m(\xi) \to 0$,而$P_n^m(\xi) \to \infty$。反之,如果在船体$\xi \leq \xi_0$的空间内需要拉普拉斯方程的长椭球解,则其解具有一般形式,即

$$\Phi(\xi,\eta,\varphi) = \sum_{n=0}^{\infty}\sum_{m=0}^{n}(A_{nm}\cos(m\varphi) + B_{nm}\sin(m\varphi))P_n^m(\eta)P_n^m(\xi)$$

(2.34)

其中:必须在解中忽略$Q_n^m(\xi)$,因为当$\xi \to 1$时,$Q_n^m(\xi) \to \infty$。此时,$P_n^m(\xi)$是有效解,因为在壳体内包括在$\xi = 1$的所有点$P_n^m(\xi)$均是有限的。但是,必须在方程式(2.33)和式(2.34)的解中忽略$Q_n^m(\eta)$,因为当$\eta = \pm 1$时,$Q_n^m(\eta) \to \infty$。需要注意的是,在求解拉普拉斯方程时必须谨慎,即使在数学上有效的解,可能在公式中是无效的,因为它会产生物理上不真实的结果。

泊松方程式(2.10)是拉普拉斯的非齐次形式。如本章开始所述,方程式(2.11)是电流源泊松方程的一般解。如果船体上或船体

内部存在电流源(一个或多个消磁线圈),那么必须将泊松方程的解与拉普拉斯解相结合,以获得包含源的空间体积的完整答案。如果船体上或船体内部不存在电流源,仅使用拉普拉斯方程的解就可以唯一地确定无源区域中的磁标量势和相关磁场。

方程式(2.11)积分内的 $1/|\boldsymbol{r}-\boldsymbol{r}'|$ 称为格林函数,它将电流源的空间分布与其所产生的磁场联系在一起。包含电流源的体积 V_s 内的磁场可以根据 $\boldsymbol{B}_s = -\nabla\Phi_s + \nabla\times\boldsymbol{A}_s$ 计算得到;在无源体积 V_f 内,仅有磁标量势 $\boldsymbol{B}_f = -\nabla\Phi_f$。必须根据边界条件式(2.8)和式(2.9)确定每个区域的未知常数(如 A_{nm} 和 B_{nm})。当矢量势的积分式(2.11)必须等于标量势级数时,例如在方程式(2.33)或式(2.34)中,沿两个区域之间的整个界面会产生问题。简单起见,需要将格林函数在所选择的坐标系中展开,使矢量势的级数展开中的每一项与拉普拉斯方程级数解在边界界面上的每个点的项匹配。

对于所有的主要坐标系,包括文献[3]中的长椭球坐标系,格林函数已展开为级数的形式。在此将使用文献[4]中的 PSS 格林函数,其可以写为

$$\begin{cases} \dfrac{1}{|\boldsymbol{r}-\boldsymbol{r}'|} = \dfrac{2}{c}\sum_{n=0}^{\infty}\sum_{m=0}^{n}\varepsilon_m(2n+1)\left[\dfrac{(n-m)!}{(n+m)!}\right]^2 \\ \qquad (\cos m\varphi_0\cos m\varphi + \sin m\varphi_0\sin m\varphi) \\ P_n^m(\eta_0)P_n^m(\eta) = \begin{cases} P_n^m(\xi_0)Q_n^m(\xi), & \xi > \xi_0 \\ P_n^m(\xi)Q_n^m(\xi_0), & \xi < \xi_0 \end{cases}\end{cases} \qquad (2.35)$$

式中:

$$\varepsilon_m = \begin{cases} 1, & m=0 \\ 2, & m\neq 0 \end{cases}$$

源的位置带有零下标,而没有下标的则对应于场观察点的坐标。方程式(2.35)有两个条件的原因与源和观察点的相对位置有关,如前所述,是为了避免在求解空间内出现不真实的奇点。

参考文献

[1] G. B. Arfkin, *Mathematical Methods for Physicists*, 2nd ed. New York: Academic, 1970, pp. 72 – 82.

[2] P. M. Morse and H. Feshbach, *Methods of Theoretical Physics*, Part I. New York: McGraw – Hill, 1953, pp. 29 – 30.

[3] Philip M. Morse, Herman Feshbach, *Methods of Theoretical Physics*, Part II. New York: McGraw – Hill, 1953, pp. 1252 – 1292.

[4] A. V. Kildishev and J. A. Nyenhuis, "Multipole imaging of an elongated magnetic source," *IEEE Trans. Magn.*, vol. 36, no. 5, pp. 3108 – 3111, Sep. 2000.

[5] C. A. Balanis, *Advanced Engineering Electromagnetics*. New York: Wiley, 1989, Appendix V.

3 第一原理模型

第一原理铁磁船模型的输入参数是船舶磁性材料的几何形状、相对磁导率常数以及地磁场的大小和方向。如果在模型中包括消磁线圈,则还需要导体的几何形状和电流信息。第一原理模型不仅包括解析和数值模拟,而且包括磁性物理缩比模型。显然,第一原理模型属于正向建模的一种,因为其输出是根据舰艇本构参数计算出来的磁特征。

第一原理模型主要用于计算尚未建造的海军舰艇和运载装置的磁特征。使用正向模型估计物体的感应磁化及相关特征与船舶形状和材料特性的关系,可以在新型舰船设计的早期初步估计水面舰或潜艇对水雷和监视系统磁性探测的敏感度。另外,根据此模型可以分析船舶几何形状和材料特性的改变对其磁化威胁敏感性的影响,并权衡与建造成本和水下船体性能之间的关系。

如果敏感性研究表明船舶需要进一步减少磁特征以满足要求,则需再次使用第一原理模型设计和评估达到指定磁场水平所需的消磁线圈系统。消磁线圈设计的复杂性与其产生的船舶对磁力威胁敏感性的降低效果之间是矛盾的,与降低系统成本、重量、体积、功耗及对船体的其他影响也是矛盾的。如果船体的形状、磁性特征和消磁效果与预先存在的实际特征测量数据库中的不同,则第一原理模型的重要性更为突出。

3.1 舰船壳体的球模型

球壳是封闭船体的最简单三维表示,可以通过解析方法进行建模。它可用于估计潜水钟和系泊式水雷的磁特征,或者作为船舶的一级近似模型。由均匀外场(如地球场)导致壳体产生磁特征,作为求解有两个界面(三个区域)的拉普拉斯方程的简单示例。此外,将在后面对球壳的磁场与长椭球壳的磁场进行比较,以突出船体几何形状对其感应特征的影响。

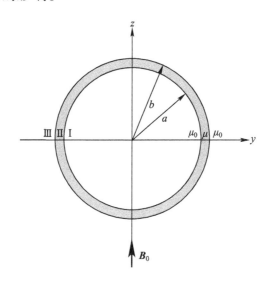

图 3.1 用于预测感应磁特征的球壳船模型

考虑一个具有磁导率为 μ 的球形船体,放置在沿 z 轴是均匀的磁场 $\boldsymbol{B}_0$ 中,如图 3.1 所示,a 和 b 分别为船壳内、外边缘的半径。船体内部(区域 I)和外部(区域 III)空间的磁导率等于自由空间的磁导率,即 $\mu_0 = 4\pi \times 10^{-7} \text{H/m}$。船壳材料处于区域 II。

可以根据式(I.25)得到球坐标系中的拉普拉斯方程,其通解为

$$\Phi(r,\theta,\varphi) = \sum_{n=0}^{\infty} \sum_{m=0}^{n} (A_{nm}\cos m\varphi + B_{nm}\sin m\varphi) P_n^m(\cos\theta) \begin{cases} \dfrac{1}{r^{n+1}}, & r \neq 0 \\ \\ r^n, & r \neq \infty \end{cases}$$

(3.1)

式中:A_{nm}、B_{nm} 为由边界条件确定的常数。

由于在此例中假设地磁场的强度 H_0 沿 z 轴且均匀，因此，磁势 Φ_e 在直角坐标系中的表示是 $-H_0 z$，在球体坐标系中的表示为

$$\Phi_e = -H_0 r\cos\theta \tag{3.2}$$

另外，所施加的外部场和壳的几何形状关于 z 轴对称。这意味着，对于 φ，方程式(3.1)必须为常数，且仅允许保留 $m=0$ 项。

在球形船体内部，只能使用方程式(3.1)末端的低阶项，否则，在 $r=0$ 时解将不确定。因此，在区域 I 中的磁势[1]可以表示为

$$\Phi_I = \sum_{n=0}^{\infty} A_n r^n P_n(\cos\theta) \tag{3.3}$$

在船体内部的磁性材料(区域 II)中，$r\neq 0$ 且 $r\neq\infty$，因此方程式(3.1)中的两个项都可以包含在磁势的表达式中，即

$$\Phi_{II} = \sum_{n=0}^{\infty}\left(B_n r^n + C_n \frac{1}{r^{n+1}}\right)P_n(\cos\theta) \tag{3.4}$$

在外部空间中，地球的磁势必须加到方程式(3.1)中，当 $r\to\infty$ 时，在级数解中只有 $1/r^{n+1}$ 项是有效的，因为其始终保持为有限值。在区域 III 的磁势为

$$\Phi_{III} = -H_0 r\cos\theta + \sum_{n=0}^{\infty}\frac{D_n}{r^{n+1}}P_n(\cos\theta) \tag{3.5}$$

可以根据三个区域的两个界面的边界条件确定未知常数 A_n、B_n、C_n 和 D_n。

根据边界条件式(2.8)和式(2.9)①，在界面 $r=a$ 和 $r=b$ 处，H_0 和 B_r 必定连续穿越界面。使用式(I.23)，边界条件可以表示为

$$\frac{\partial\Phi_I}{\partial\theta} = \frac{\partial\Phi_{II}}{\partial\theta}, \quad r=a \tag{3.6a}$$

---

① 原文误为式(3.8)和式(3.9)——译者注。

$$\frac{\partial \Phi_{\mathrm{II}}}{\partial \theta} = \frac{\partial \Phi_{\mathrm{III}}}{\partial \theta}, \quad r = b \tag{3.6b}$$

$$\mu_0 \frac{\partial \Phi_{\mathrm{I}}}{\partial r} = \mu \frac{\partial \Phi_{\mathrm{II}}}{\partial r}, \quad r = a \tag{3.6c}$$

$$\mu \frac{\partial \Phi_{\mathrm{II}}}{\partial \theta} = \mu_0 \frac{\partial \Phi_{\mathrm{III}}}{\partial \theta}, \quad r = b \tag{3.6d}$$

由于地球场磁势的形式为 $\cos\theta$,并且 $P_1(\cos\theta) = \cos\theta$,因此对于全部区域中磁势的级数展开形式,如果 $n = 1$,则关于 θ 的全部可能取值,只有 $r = b$ 满足边界条件。将方程式(3.3)~式(3.5)代入方程式(3.6a)~式(3.6d)产生一个由四个未知数组成的方程组:

$$D_1 - b^3 B_1 - C_1 = b^3 H_0 \tag{3.7a}$$

$$2D_1 + \mu' b^3 B_1 - 2\mu' C_1 = -b^3 H_0 \tag{3.7b}$$

$$a^3 B_1 + C_1 - a^3 A_1 = 0 \tag{3.7c}$$

$$\mu' a^3 B_1 - 2\mu' C_1 - a^3 A_1 = 0 \tag{3.7d}$$

式中: $\mu' = \mu/\mu_0$。

针对 D_1 求解方程式(3.7a)~式(3.7d),其为球形壳体在区域Ⅲ中唯一需要求解的量,得到

$$D_1 = \left[\frac{(2\mu' + 1)(\mu' - 1)}{(2\mu' + 1)(\mu' + 2) - 2\frac{a^3}{b^3}(\mu' - 1)} \right] (b^3 - a^3) H_0 \tag{3.8}$$

在直角坐标系中使用方程式(Ⅰ.21c)并重写方程式(3.5),将得到球形壳体的感应三轴磁场的公式,其标准形式通常用于船舶特征分析。直角坐标系中的外部磁势可以简化为

$$\Phi_{\mathrm{III}} = -H_0 z + \frac{D_1 z}{(x^2 + y^2 + z^2)^{\frac{3}{2}}} \tag{3.9}$$

根据 $\boldsymbol{H} = -\nabla \Phi_m$,使用方程式(3.9)和式(Ⅰ.3)计算三轴磁特征,得到

$$H_{x\text{Ⅲ}} = \frac{3D_1 xz}{(x^2 + y^2 + z^2)^{\frac{5}{2}}} \quad (3.10)$$

$$H_{y\text{Ⅲ}} = \frac{3D_1 yz}{(x^2 + y^2 + z^2)^{\frac{5}{2}}} \quad (3.11)$$

$$H_{z\text{Ⅲ}} = H_0 + \frac{D_1(2z^2 - x^2 - y^2)}{(x^2 + y^2 + z^2)^{\frac{5}{2}}} \quad (3.12)$$

在计算或测量船舶的磁特征时,通常会使用数学方法或硬件滤波器将地球场移除。船舶特征定义为该船舶磁场与地球磁场的差值。因此,只有方程式(3.12)中的最后一项代表船舶磁特征的 z 分量。

3.2 船舶壳体的长椭球模型

远海舰艇的长度通常比宽度(横梁)大几倍,这使得水面舰艇或潜艇在其纵向(长)上的磁化方式不同于其横向(右舷方向)或垂直方向。因此,与3.1节介绍的球壳相比,舰艇的长椭球壳模型应更适合描述感应磁化和磁特征。

舰艇的长椭球形磁壳模型的几何形状如图3.2所示,同时示于图中的还有用于分析的坐标系。类似于球壳模型,问题将分为三个区域。内部区域Ⅰ和外部区域Ⅲ具有真空磁导率 μ_0,而磁性壳体(区域Ⅱ)的磁导率为 μ。按长椭球坐标,磁壳的内外界面分别设为 ξ_1 和 ξ_2,其中地球的均匀场 $\boldsymbol{B}_0$ 沿 z 轴作用在船体上。

长椭球坐标系中关于磁标量势的拉普拉斯方程由方程式(2.27)给出,它在区域Ⅲ和区域Ⅰ中的一般解也分别在方程式(2.33)和式(2.34)给出。再者,地球的感应场是关于 z 轴对称的,船体的几何形状也是如此,并且不是 φ 的函数。因此,为了满足边界条件,在三个区域中磁势的级数展开式中仅可以使用 $m=0$ 项。

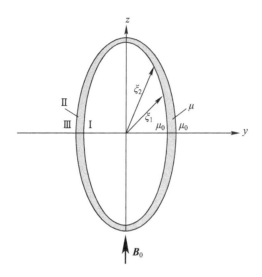

图 3.2　长椭球壳船模型预测感应磁特征

区域Ⅰ～区域Ⅲ中磁势拉普拉斯方程的解为

$$\Phi_{\mathrm{I}} = \sum_{n=0}^{\infty} A'_n P_n(\eta) P_n(\xi) \tag{3.13}$$

$$\Phi_{\mathrm{II}} = \sum_{n=0}^{\infty} (B'_n P_n(\xi) + C'_n Q_n(\xi)) P_n(\eta) \tag{3.14}$$

$$\Phi_{\mathrm{III}} = \sum_{n=0}^{\infty} D'_n P_n(\eta) Q_n(\xi) - H_0 c \xi \eta \tag{3.15}$$

式中：P_n、Q_n 分别为第一类和第二类的广义勒让德多项式。

方程式(3.15)中的最后一项是地球的磁标量势 $-H_0 z$（使用以长椭球坐标表示的式(Ⅰ.32c)）。与球壳中的情况一样，将根据三个区域之间两个界面的边界条件确定未知常数 A'_n、B'_n、C'_n 和 D'_n。

当 $\xi = \xi_1$ 和 $\xi = \xi_2$ 时，该问题的边界条件表明 H_η 和 B_ξ 必须在两个界面上是连续的。鉴于方程式(3.15)中地球磁势的形式，所有 η 都能满足边界条件的唯一方法是使 $n = 1$。使用下式：

$$P_1(x) = x \tag{3.16}$$

$$Q_1(x) = \frac{x}{2}\ln\left(\frac{x+1}{x-1}\right) - 1 \tag{3.17}$$

在方程式(3.13)~式(3.15)中令 $n=1$，得到

$$\Phi_\mathrm{I} = A'_n \eta \xi \tag{3.18}$$

$$\Phi_\mathrm{II} = B'_n \eta \xi + C'_n \eta \left[\frac{\xi}{2}\ln\left(\frac{\xi+1}{\xi-1}\right) - 1\right] \tag{3.19}$$

$$\Phi_\mathrm{III} = D'_n \eta \left[\frac{\xi}{2}\ln\left(\frac{\xi+1}{\xi-1}\right) - 1\right] - H_0 c \xi \eta \tag{3.20}$$

根据方程式(I.34)，可以将边界条件表示为

$$\frac{\partial \Phi_\mathrm{I}}{\partial \eta} = \frac{\partial \Phi_\mathrm{II}}{\partial \eta}, \quad \xi = \xi_1 \tag{3.21a}$$

$$\frac{\partial \Phi_\mathrm{II}}{\partial \eta} = \frac{\partial \Phi_\mathrm{III}}{\partial \eta}, \quad \xi = \xi_2 \tag{3.21b}$$

$$\mu_0 \frac{\partial \Phi_\mathrm{I}}{\partial \xi} = \mu \frac{\partial \Phi_\mathrm{II}}{\partial \xi}, \quad \xi = \xi_1 \tag{3.21c}$$

$$\mu \frac{\partial \Phi_\mathrm{II}}{\partial \xi} = \mu_0 \frac{\partial \Phi_\mathrm{III}}{\partial \xi}, \quad \xi = \xi_2 \tag{3.21d}$$

将方程式(3.18)~式(3.20)代入方程式(3.21a)~式(3.21d)，得到另一组四个未知数的方程组，即

$$A'_1 \xi_1 - B'_1 \xi_1 - C'_1 a_1 = 0 \tag{3.22a}$$

$$B'_1 \xi_2 + C'_1 a_2 - D'_1 a_2 = -H_0 c \xi_2 \tag{3.22b}$$

$$A'_1 - \mu' B'_1 + \mu' C'_1 a_3 = 0 \tag{3.22c}$$

$$\mu' B'_1 + \mu' C'_1 a_4 - D'_1 a_4 = -H_0 c \tag{3.22d}$$

式中：

$$a_1 = \frac{\xi_1}{2}\ln\left(\frac{\xi_1+1}{\xi_1-1}\right) - 1$$

$$a_2 = \frac{\xi_2}{2}\ln\left(\frac{\xi_2+1}{\xi_2-1}\right) - 1$$

$$a_3 = \frac{1}{2}\ln\left(\frac{\xi_1+1}{\xi_1-1}\right) - \frac{\xi_1}{\xi_1^2-1}$$

$$a_4 = \frac{1}{2}\ln\left(\frac{\xi_2+1}{\xi_2-1}\right) - \frac{\xi_2}{\xi_2^2-1}$$

且 $\mu' = \mu/\mu_0$。

对于 D_1'，求解方程式(3.22a)~式(3.22d)，得到

$$D_1' = \frac{\xi_1\xi_2\mu'(a_3-a_4) + a_2\xi_1 - \xi_2 a_1}{\mu'^2 a_2\xi_1(a_3-a_4) + \mu'(\xi_1 a_4(2a_2 - \xi_2 a_3)) + a_4(\xi_2 a_1 - \xi_1 a_2)}$$
$$(\mu'-1)cH_0 \tag{3.23}$$

后面将讨论式(3.23)和式(3.8)的关系。

几乎总是在直角坐标系中测量海军舰船的磁特征，因此将相应地计算并得到直角坐标系中长椭球壳的三轴感应场特征。根据 $\boldsymbol{H} = -\nabla\Phi_m$，使用方程式(3.20)和式(I.3)计算三轴磁场；并且经过一些运算整理后可得

$$H_{x\mathrm{III}} = \frac{D_1' x\eta}{r_1 r_2(\xi^2-1)} \tag{3.24}$$

$$H_{y\mathrm{III}} = \frac{D_1' y\eta}{r_1 r_2(\xi^2-1)} \tag{3.25}$$

$$H_{z\mathrm{III}} = H_0 + \frac{D_1'}{c}\left[-\frac{1}{2}\ln\left(\frac{\xi+1}{\xi-1}\right) + \frac{c^2\xi}{r_1 r_2}\right] \tag{3.26}$$

式中：ξ、η、c、r_1 和 r_2 在附录中均以 x、y 和 z 的形式定义。

正如之前对球壳所讨论的，方程式(3.26)中只有最后一项代表船舶磁特征的 z 分量，被检测为地球正常均匀场中的异常。

要得到长椭球壳沿其 x 轴或 y 轴诱导场的磁特征，比这里给出

的纵向示例更为复杂。文献[2]给出了长椭球与扁球壳任意诱导场的磁标量势和磁矩的数学表达式,其中解以行列式表示,可以在文献[3]的附录 E 中找到一组完整的以代数方程描述的三轴磁特征。

如果将长椭球体的长度设定等于宽度,则由方程式(3.23)~式(3.26)预测得到与球壳方程式(3.8)~式(3.12)相同的特征。实际上,如果对两组方程进行数值评估,则它们产生相同的 x 轴和 z 轴方向的特征分量,如图 3.3 和图 3.4 中的实线所示。这些图还说明纵向感应的磁特征是如何随着椭球体长度的改变而变化的。保持地球场以及模拟船的横向宽度和船首/船尾船体厚度不变,垂直分量(图 3.3)中的峰值的幅值增加并且相隔的距离变得更远,且保持在两个末端内部(尽管船首和船尾的内半径(a_i)保持不变,但长椭球体中间的内半径(b_i)必须根据 $b_i = \sqrt{a_i^2 - c_0^2}$ 随其长度而变化,其中 c_0 为船体外表面的半焦距长度);然而,纵向分量的峰值首先随着船长和

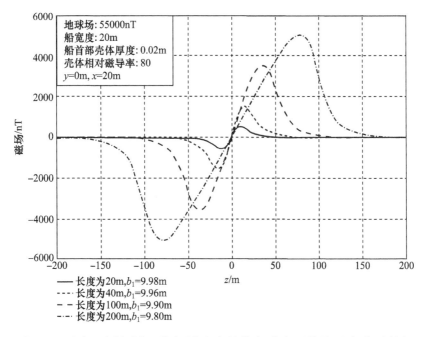

图 3.3 具有不同长梁比的长椭球壳的纵向感应磁化的垂直分量特征

船中的船体厚度而增加,但随后开始减小。在极限情况下,船长远大于船宽时,其感应磁场的磁通线集中在船首和船尾附近,而在中间附近变得非常小。

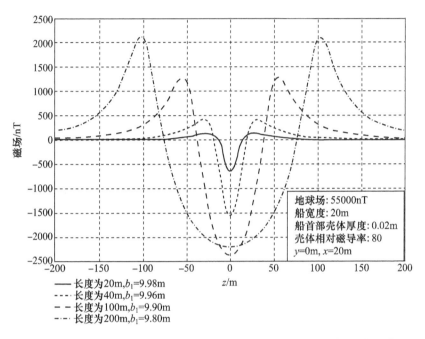

图3.4 具有不同长梁比的长椭球壳的纵向感应磁化的水平分量特征

长椭球壳模型也可用于研究船舶的感应特征随船体厚度和磁导率的变化规律。对于几个船体厚度和相对磁导率,计算壳体纵向感应磁化的垂直和纵向特征分量,并绘制在图3.5和图3.6中。正如所预期的,两个特征分量的幅值随船体导磁性而降低,但是形状得以保持。需要注意的是,当船体端部/中部的船体厚度从2/20cm减少到0.5/5cm,同时将相对磁导率从80增加到320,特征保持不变。这表明,如果磁导率-厚度的乘积保持不变,那么感应特征也将保持不变。这个结果对于真实的船体是准确的,其厚度与宽度相比很小。当构造物理缩比磁船模型时,这一结果会很重要,将在后面进行讨论。

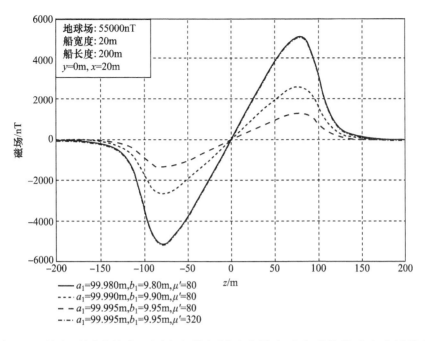

图 3.5 具有不同磁导率-厚度积的长椭球壳纵向感应磁化的垂直分量特征

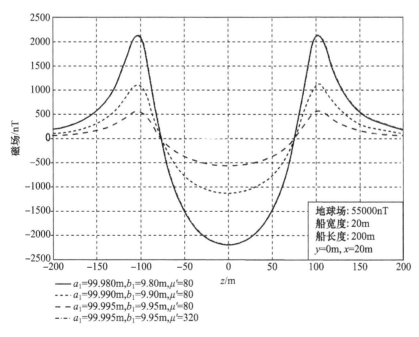

图 3.6 具有不同磁导率-厚度积的长椭球壳纵向感应磁化的水平分量特征

3.3 偶极矩及其单位

以偶极矩 D_1 和 D_1' 表示各舰艇的感应磁化。然而,这里所使用的国际单位制(SI)中,磁偶极矩定义为电流 $I(A)$ 流过所围绕的面积为 $A(m^2)$ 的环路。z 方向的球形磁偶极矩 $m_z = IA(A \cdot m^2)$,根据以下方程产生磁场(T):

$$B_x = \frac{3\mu_0 m_z xz}{4\pi (x^2 + y^2 + z^2)^{\frac{5}{2}}} \quad (3.27)$$

$$B_y = \frac{3\mu_0 m_z yz}{4\pi (x^2 + y^2 + z^2)^{\frac{5}{2}}} \quad (3.28)$$

$$B_z = \frac{\mu_0 m_z (2z^2 - x^2 - y^2)}{4\pi (x^2 + y^2 + z^2)^{\frac{5}{2}}} \quad (3.29)$$

因此,方程式(3.8)中的 D_1 必须乘以 4π 才能等于球面磁偶极矩 $m_z = 4\pi D_1$,并用于国际单位制的磁场方程式(3.27)~式(3.29)。

应该注意的是 $m_z \neq 4\pi D_1'$,原因是 m_z 和 $4\pi D_1$ 都代表球坐标系中定义的球形偶极矩;相反,$4\pi D_1'$ 表示长椭球坐标系中得到的长椭球偶极子的矩,但 $m_z \neq 4\pi D_1'$。然而,正如第 4 章将要讨论的,球面和长椭球形偶极矩可以某种方式组合,并在水面舰艇和潜艇的半经验磁模型中混合使用,这是有利的。为了有助于这种偶极子类型的混合,其相互转换会非常有用。

事实证明,球形和长椭球偶极矩在数学上是相关的。如果使用 $3D_1/c^2$ 代替 D_1'[4],则方程式(3.24)~式(3.26)将产生与它们各自的球形方程式(3.10)~式(3.12)相同的远场特征。当测量距离远大于船长时,海军舰船的静态远场磁特征具有偶极子的形式。对于长椭球体,即为 $x^2 + y^2 + z^2 \gg a^2$。显然,对于远小于船长的距离,两个坐标系中偶极子的特征形状和幅值都不相似。

从历史上看,水面舰和潜艇磁特征控制领域已经混合使用了电量的电磁单位和距离、重量的英制单位。可以想象,转换到国际单位制已经并且仍在产生混淆和错误。由于国际单位制是目前公认的用于研究和科学调查报告的单位制,因此必须正确和准确执行从"旧"单位制(英制单位)到国际单位制的转换。

在旧单位制中,磁特征以场强 H 被测量和记录,单位为伽马(γ),磁源和测量场点之间的距离以英尺(ft)给出。在国际单位制中,测量的磁通密度 B 以特斯拉(T)为单位,或者更典型地以纳特斯拉(nT)为测量单位,而距离以米(cm)为单位。实际上,英制中场强的 1γ 等于国际单位制中 1nT 的磁通密度。这很简单,然而,当进行偶极子或更高阶矩转换时,开始出现混乱。

在旧单位制中,用于计算偶极子的静磁场特征的公式由方程式(3.10)~式(3.12)给出。在这种情况下,偶极矩的单位为 $\gamma \cdot ft^3$。在国际单位制中,偶极矩的单位为 $A \cdot m^2$,磁通密度使用方程式(3.27)~式(3.29)计算。如果通过简单地将 γ 转换为 nT,然后将 A/m 和 ft^3 变为 m^3,则得到的偶极矩值不适用于国际单位制。如前所述,在英制中,磁矩也必须乘以 4π(无量纲),表示国际单位制中磁矩是根据电流和面积定义的。因此,偶极矩从英制到国际单位制的正确转换是 $1\gamma \cdot ft^3 = 2.8317 \times 10^{-4} A \cdot m^2$。

3.4 消磁线圈的数学模型

水面舰艇和潜艇的磁场模型是用于开发消磁系统的主要工具,利用它们可以在全部或部分舰艇设计建造时,对使用低磁性材料的优势与使用的附加成本之间进行取舍。当船舶的磁性材料含量已经从技术上和经济上降低到一定程度,仍然需要进一步减少磁特征时,需要采用主动系统,通过磁场补偿或抵消将磁特征降低到可接受的水平。消磁线圈是主动补偿海军舰船磁性特征的主要系统。

消磁线圈是多导体电缆,放置在船内以消除由感应和固定磁化产生的磁场。几个单独供电和控制的电缆环安装在三个正交面的每个平面中,以精确补偿纵向、横向和垂向磁化分量。设计的每个消磁环增加了另一个自由度,通过控制该自由度可以增加特征抵消的可信度。但是,必须在建造和安装前对设计的每个环路所起的作用以及增加另一个环路所带来的进一步减少船舶特征的好处,与所需的额外成本之间进行取舍。因此,准确的消磁线圈模型不仅对于实现最佳的特征降低量很重要,而且要确保以最低的系统成本和对船舶的最小影响来实现。

为了使消磁线圈产生的消磁效果最大化,它们通常安装在船体内部,以获得最大的面积和磁矩。结果是,需要降低特征的船外距离(水雷威胁距离)可能远小于线圈的直径。因此,通常不能用点偶极子模拟消磁线圈,而必须使用线圈模型预测有限尺度环路的磁场。最终,模型还必须考虑线圈的非圆形形状,因为线圈通常沿船体的轮廓布设。

消磁线圈最简单的形式是自由空间中的单回路电流环,附近没有磁性边界。能够预测有限直径电流环产生磁场的解析方程参见文献[5]。使用附录I中定义的圆柱坐标系,径向磁场 B_ρ 和纵向磁场 B_z 由下式给出:

$$B_\rho = \frac{\mu_0 I}{2\pi\rho} \frac{z}{[(R_1+\rho)^2+z^2]^{\frac{1}{2}}} \left[-K(k) + \frac{R_1^2+\rho^2+z^2}{(R_1-\rho)^2+z^2} E(k) \right]$$

(3.30)

$$B_z = \frac{\mu_0 I}{2\pi\rho} \frac{1}{[(R_1+\rho)^2+z^2]^{\frac{1}{2}}} \left[K(k) + \frac{R_1^2-\rho^2-z^2}{(R_1-\rho)^2+z^2} E(k) \right]$$

(3.31)

式中:R_1 为线圈的半径;I 为线圈电流;$K(k)$ 和 $E(k)$ 是第一类和第二类完整椭圆积分,且有

$$k = \sqrt{\frac{4R_1\rho}{(R_1+\rho)^2+z^2}}$$

$$K(k) = \int_0^{\pi/2} \frac{\mathrm{d}\vartheta}{\sqrt{1 - k^2 \sin^2 \vartheta}}$$

$$E(k) = \int_0^{\pi/2} \sqrt{1 - k^2 \sin^2 \vartheta}$$

需要注意的是,如果环路由多个承载电流的导体组成,那么应该用电缆内的总安匝数来代替 I。环路内部或外部没有磁性材料,通以电流 1A 时产生的特征变化称为空芯环效应。

对任意形状的消磁线圈进行空芯环效应建模的常用方法是用直线段近似电缆走线,然后将 Biot–Savart 定律应用于每个电流段,以确定其对总环路场的贡献(见附录Ⅱ)。当然,在软件编程期间,必须将每个段计算的磁场结果通过转动和平移转换成船的坐标系。尽管空芯环效应不能说明船体磁壳的影响,但经验表明,一般情况下,两者之间的形状没有明显变化,可以根据船舶的位置和方向估算它们的幅值差异。由于容易对具有空芯环路的消磁线圈进行建模,磁场计算速度快,因此经常使用幅值调整的空芯环效应进行初始消磁线圈设计。在船舶设计的后期阶段,使用更真实但耗费资源的数值和物理缩比模型,检验初始设计并对每个环路确定最终的安匝。

必须在设计过程中的某个点上考虑消磁线圈场与船体磁壳的相互作用。文献[6]推导出了由球壳内、外的有限直径和宽度的电流环产生的场的解析方程。然而,这里仅对来自内部消磁线圈的球壳外部磁特征感兴趣,并且将不重新推导仅给出其结果。

具有内部消磁线圈的球壳的几何形状类似于先前计算其感应特征的球壳。在图 3.1 所示的球壳中增加一个无限薄电流带形式的消磁环,并在图 3.7 中重新绘制。线圈具有有限直径,其外边缘是半径为 R_1 的圆上的一段圆弧。有限宽度电流带的外角等于 2α,电流带的表面电流密度 J 恒定不变,并且仅具有分量 φ。

由于消磁环的表面电流密度仅具有 φ 分量,因此该问题关于 z 轴对称并且可以使用单个矢量势分量 A_φ 唯一求解。在该条件下使用式(Ⅰ.26),磁场 B_r 和 B_θ 可以表示为

$$B_r = \frac{1}{r\sin\theta} \frac{\partial}{\partial \theta}(\sin\theta A_\varphi) \qquad (3.32)$$

$$B_\theta = \frac{1}{r} \frac{\partial}{\partial r}(rA_\varphi) \qquad (3.33)$$

如图 3.7 所示,该问题需要分为四个区域(而不是光壳体感应问题的三个区域):区域Ⅰ包括由无限薄电流带形成的边界内的扁球形体积;区域Ⅱ包括电流带和球壳内表面之间的空间;区域Ⅲ是钢壳壳体的体积;区域Ⅳ包括球壳外的所有空间。区域Ⅳ中的矢量势是期望获得的解,将用于计算内部有消磁线圈的球壳外部磁特征或环路效应。

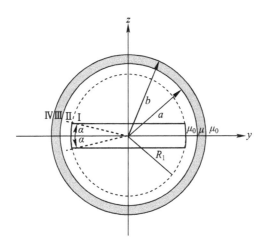

图 3.7 球壳船模型内消磁线圈的模型

虽然这里唯一感兴趣的区域是区域Ⅳ,也需要同时求解四个区域中的向量势解。文献[6]给出了四个区域泊松方程的一般解:

$$A_{\varphi 1} = \sum_{p=1}^{\infty} (A_p r^p) P_p^1(\cos\theta) \qquad (3.34a)$$

$$A_{\varphi 2} = \sum_{p=1}^{\infty} \left(B_p r^p + \frac{C_p}{r^{p+1}}\right) P_p^1(\cos\theta) \qquad (3.34b)$$

$$A_{\varphi 3} = \sum_{p=1}^{\infty} \left(D_p r^p + \frac{E_p}{r^{p+1}}\right) P_p^1(\cos\theta) \qquad (3.34c)$$

$$A_{\varphi 4} = \sum_{p=1}^{\infty} \left(\frac{F_p}{r^p + 1} \right) P_p^1(\cos\theta) \qquad (3.34d)$$

式中:$A_{\varphi 1} \sim A_{\varphi 4}$ 是四个区域中的矢量势,P_p^1 是第一类缔合勒让德函数,其度数为 p,阶数为 1;A_p、B_p、C_p、D_p、E_p 和 F_p 是由边界条件方程式(2.5)和式(2.6)确定的常数。

由于半径为 R_1 的球面上角度从 $\theta = \pi/2 - \alpha$ 到 $\theta = \pi/2 + \alpha$ 的范围内电流密度非零,因此必须以 P_p^1 的形式展开,以便匹配区域 I 和 II 界面处对应所有 θ 可能取值的边界条件(有关展开的详细信息,参见文献[6])。在四个区域之间的三个界面处应用边界条件,得到六个方程式,从中求解 $A_p \sim F_p$。方程组在文献[6]中以代数方式求解,其中 F_p 可以表示为

$$F_p = D_p(b^{2P+1} + X_p) \qquad (3.35)$$

式中:

$$D_p = \frac{\mu'[J_p'(2p+1)a^{-(p+2)}]}{\mu'(p+1)a^{p-1} + \mu' X_p(p+1)a^{-(p+2)} - (p+1)a^{p-1} + pX_p a^{-(p+2)}}$$

$$X_p = -\frac{b^{2p+1}\left[\mu' + \frac{p+1}{p}\right]}{\mu' - 1}$$

$$J_p' = \frac{\mu_0 J K_p R_1^{p+2}}{2p+1}$$

$$K_p = \frac{2p+1}{p(p+1)} \int_0^{\sin\alpha} P_p^1(\beta) d\beta$$

将式(3.35)代入式(3.32)和式(3.33),并使用式(I.22)将其变换到直角坐标系,得到球形磁壳内单个消磁线圈的环路效应表达式。

为了检验本节所给出的方程,在方程式(3.35)中令 $\mu' = 1$ 计算得到的特征应该与使用方程式(3.30)和式(3.31)所表示的空芯公式得到的结果相同。为了进行这种验证,在 20m 的传感器深度和半径为

9.68m且承载1A电流的消磁环上进行两组方程的计算。虽然这种比较不是十分必要,但还应进行一个算例的计算:球壳表示的非磁性船壳的内半径为9.98m,外半径为10.00m。如图3.8所示,实线和虚线分别表示空芯消磁环和非磁性壳体内的垂直特征,对纵向分量也做了同样的操作,如图3.9所示。可以发现,图3.8和图3.9中顶部的实线与虚线曲线相同。

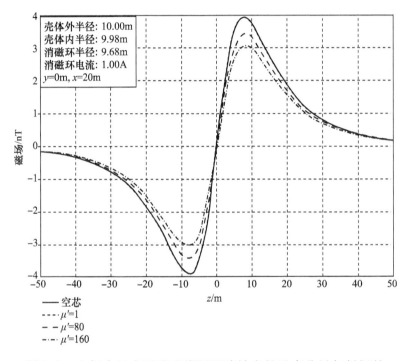

图3.8 空气中的水平消磁线圈环路效应的垂直分量与封闭的可渗透球壳预测的垂直分量比较

令船体的相对磁导率从1增加时,由环产生的一些磁通量被分流至远离船体周围的外部空间。如图3.8和图3.9所示,船体厚度为0.02m,渗透常数为80时,线圈效应幅度减小约12%;如果船体的磁导率常数增加到160,则预测线圈效应的幅度会减少20%。必须按比例增加环路的安匝数,以补偿这种衰减。而消磁系统的成本、重量和功率增加20%是非常不可取的。

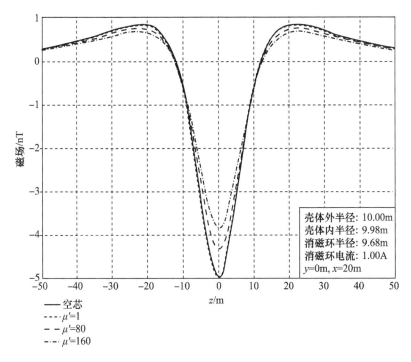

图 3.9 空气中的水平消磁线圈环路效应的水平分量与封闭的可渗透球壳预测的水平分量比较

由长椭球壳内外的有限直径和宽度的电流环产生的场的解析方程参见文献[7]。场方程表示为第一和第二类的缔合勒让德函数的缓慢收敛交错级数。该级数中的项是发散的交错序列的乘积。尽管公式总体是收敛的,但是计算高阶缔合勒让德函数的长级数问题需要高数值精度,并且导致计算得到强的不稳定结果。更好的方法是使用空芯解析模型预测系统初始设计的消磁环效应,然后使用数值和 PSM 模型更精确预测详细设计的环路效应。

3.5 数值模型

建立船舶磁化和所产生的磁特征的数值模型,不仅要考虑船舶的几何形状和磁性材料特性,而且必须根据麦克斯韦方程数值模拟磁场扩散到周围空间的情况。通常,应用于水下船舶特征建模的是有限元法和边界元法。在此不对这些方法如何实现给出各种研究者和软件包的详细描述或对其比较。讨论将局限于两种方法的一般优点和缺点，以及为得到船舶磁特征的稳定、准确和代表性的预测结果，在数值模拟中的注意事项。

船舶磁特征数值模型的主要优点是能够预测复杂几何形状船体的感应磁特征和消磁环效应，包括各种内部磁结构和部件场之间的相互作用。在船舶设计的早期概念设计阶段，可以初步估计船舶未被消磁的特征以及由此产生的磁威胁敏感性。在整个船舶设计的早期阶段，必须在磁特征水平与船体几何形状、内部结构、机械和设备的安装位置、建造材料的磁性选择以及电力系统配置等因素之间进行权衡。实际上，此阶段是唯一可以对这些因素进行更改的阶段。

如果需要，数值模型可以使用其电缆的实际布线来确定各种消磁线圈配置的特征补偿性能。根据这些信息，可以为新船型生成初步电气图。此外，所提出的特征消减方案的大致成本、重量、功率和空间要求可以尽早量化，以避免对舰船的设计和建造带来昂贵且耗时的改变。随着整个船舶设计的进展，数值模型可以更新并重新运行，以便对船舶的磁场易感性和特征减少方法的影响进行精确评估。

过去，有限元法一直是数值模拟海军舰船铁磁场特征的首选方法。除了磁壳本身之外，该技术通过离散船内外的所有空间近似求解麦克斯韦方程。可以对离散空间（网格）中的每个节点处计算磁场势和场，同时在节点之间的位置生成插值解。

与磁性有限元技术在机电机械、电力传输和配电设备中的传统应用不同，对海军舰船的磁化和场特征建模具有其自身独特的挑战性。一些更重要的船舶磁性有限元建模的障碍如下：

（1）船体外部的周围空间本质上是无限的（开放边界问题），因此比有约束的封闭边界模拟增加了建模和计算难度。

（2）根据船舶磁壳的几何复杂性、包含到模型中的结构以及特征预测所需的可信度，对有限元网格尺寸以及模拟计算的计算机的要求可能会很高。

(3) 需要高数值精度预测靠近船载源的幅值可能接近 1T 的场,但在船外传感器的位置还必须再现 pT 量级场的特征。

(4) 需要有限元高网格密度以精确模拟沿舰船的整个长度和宽度上布设的极薄钢板的感应磁化。

(5) 在消磁线圈和配电电缆附近存在高梯度场,这迫使提高有限元网格的密度。

需要频繁地重复计算以优化特征降低系统的设计,而这些问题更加复杂。因此,存在持续降低有限元模型复杂性和节点数的压力,这可能会诱使建模者采用不合理的捷径,导致对船只的磁特征和敏感性进行不准确或非代表性的预测。在最坏的情况下,特征减少系统可能无法保护海军平台不被水雷或磁监视系统发现。

商业化的有限元软件包不断改进,以消除或避免前面所列出的磁船建模困难。文献[8-9],已经提供了解决这些问题令人满意的方案,可以通过以下方式实现有限元船舶建模的改进:

(1) 使用降维的标量势计算船舶的感应磁化强度。

(2) 利用空间变换和映射技术,将开放边界问题转换为封闭边界问题。

(3) 使用解析延续技术,将钢板从高网格密度体积减少到无限薄的表面单元,对于高磁导率的薄板有效。

(4) 通过减少势跳跃的方法消除对消磁线圈附近高网格密度模拟的需要。

将这些有限元改进应用于磁船建模,可以显著减少计算时间而不会降低预测精度。关于这些特殊有限元建模技术及其性能增强的深入讨论,可以参见文献[8-9]。

虽然原则上可以应用边界元法模拟船舶磁性特征,但是尚未开发出避免该应用主要缺点的技术。边界元模型的优势在于:不是船体内外的整个空间,而只是磁性材料的边界上需要用网格数字化;不是在整个空间体积上,而是仅在材料边界上的节点处计算磁势或场;边界元的后处理仅需要在感兴趣的点处计算磁场特征。然而,由于大多数船舶模型中存在大量的磁性材料边界,其中的一些又非常靠近,因此,边界元法的计算负荷和数值精度要求使得它不如有限元法具有吸引力。当必须模拟材料磁滞的非线性特性时,这个问题会更加严重。文献[10]已经提出了混合建模方法,其结合了边界元和有限元的优点,以获得最佳性能。

3.6 铁磁船物理缩比模型

铁磁船舶的缩比模型最初是由英国和美国科学家在第二次世界大战的早期开发的。这些模型被构建为海军舰船的消磁线圈设计的工具,以减少它们触发德国磁性水雷的敏感性。美国构建了第一个磁模型以再现航空母舰USSWASP(CV-7)的磁特征。虽然这个比例模型是对实际船舶结构的粗略一阶近似,但两者之间的磁特征类似足以证明开展更多物理缩比模拟的合理性。这项研究深入分析了模型的细节和设计要求、建造技术、实验室测试设施以及微型磁强计的开发等问题,以便进行近似模型的测量。对计划开始施工的新船型进行物理缩比模拟具有最高优先级,因为安装永久消磁线圈所需的资源在建造船体阶段仍然是最低的。1943年以后,消磁线圈的设计成为一项标准化的工作,以至于后续模型研究的重点是磁力武器的性能,而不是船舶的自我保护。总的来说,战争期间美国建造了大约60个铁磁船模型,通过修改可以代表75种不同的船级[11]。

使用两种技术来缩比海军舰船的磁模型。第一个是厚度缩比法,它对所有的尺寸包括船体的厚度简单缩比,同时在缩比模型的构造中使用与全尺寸船舶相同的材料(钢)建造。当模型的缩比部件仍然足够大,可以进行机加工或冷轧时,使用此技术。但是,在模型的制造过程中必须小心处理,以免显著改变材料的最终磁导率。有时,需要对完成的模型采用退火处理以补偿制造过程带来的变化。

对于某些船级而言,缩比后船体厚度会太小,无法按照精确的规格制造而在模型构造和测试期间不变形。在这些条件下,需要采用第二种模拟方法——磁导率－厚度法。使用这种技术时,缩比模型船体的磁导率－厚度乘积保持不变,即使它由磁性和力学性能不同于全尺度船舶的材料制造。磁导率－厚度模拟可使模型机械强度更大而不易碎,同时保持原型的磁特征。虽然可以在文献[12]中找到关于这种缩比模拟技术的深入描述,这里仍将对其进行简要概述。

如图3.5和图3.6所示,当船体厚度减少1/4并且其磁导率同时增加4倍时,长椭球壳数学船模型的感应磁特征不变。模型船体的磁导率－厚度不变,则其感应磁特征保持不变。如果缩比的板厚和相对磁导率分别由 t_m 和 μ_m 表示,那么它们的乘积可以根据以下缩比方程进行计算

$$t_m \mu_m = \frac{t_f \mu_f}{S} \tag{3.36}$$

式中:$t_f \, , \mu_f$ 为全尺度板的厚度和相对磁导率;S 为模型的比例因子。

由于大多数船舶的磁性材料由薄板组成,因此磁导率－厚度板模型占设计模型的很大一部分。过去,船舶壳板通常由材料的单位面积重量而不是厚度规定。该参数可以转换为厚度,并用于磁导率－厚度模拟的方程,得到

$$t_m \mu_m = \frac{W_a \mu_f}{dS} \tag{3.37}$$

式中:W_a 为所用板材单位面积的重量;d 为密度。

对于两个维度比第三个维度小得多的物体,其磁导率与横截面积的乘积按比例缩比。磁导率－面积模拟适用于船舶的梁和板格。例如,船舶的工字梁以扁钢模拟,其最大横截面尺寸等于工字钢桁条的高度。用于模拟工字梁的磁特征的扁钢的厚度为

$$t_f = \frac{W_l}{hd} \tag{3.38}$$

式中:h 为工字钢桁条的高度;W_l 为梁的线密度。

将方程式(3.38)代入方程式(3.36),可得

$$t_m \mu_m = \frac{W_1 \mu_f}{hdS} \quad (3.39)$$

当用于模拟全尺度工字梁的模型杆的厚度由方程式(3.39)给出时,其宽度(或高度)应该等于 h/S。

三个维度具有相同数量级的集中磁性质量的船上物品所产生的磁特征,更多地取决于它们的形状而不是磁导率。船体外部的所有物品都应在模型上准确再现,而较小的内部机械和设备是次要的(因为它们的磁特征被船体屏蔽,并且在任何一个方向上很少有明显的传递)。模型屏蔽结构内部的细节对整个模型的磁特征几乎没有影响,可以将内部设备和机械以接近于全尺度尺寸和形状的箱型体缩比模拟。但是,内部的磁性质量会影响船舶消磁线圈的环路效应。因此,在模型中应设置足够的空间,以模拟实际结构中按比例缩小的重量。

在物理模型上将船舶消磁线圈的安匝数直接缩比。如果使用 $N_f I_f$ 表示全尺度船舶消磁环路的安匝数,那么可以根据下式计算取整得到缩比模型上匝数:

$$N_m = \frac{N_f I_f}{S I_m} \quad (3.40)$$

式中:I_m 为由电源容量或导线尺寸限定的模型消磁回路上所允许的最大电流。

通常,缩比模型的消磁线圈由带有特氟纶护套的 18 号或 20 号美国线规(AWG)绞合铜线缠绕而成。每个线圈的引线每英寸内扭转 2~3 次,并标记连接到安装于模型外部的端子条上。

通过使用方程式(3.36)~式(3.39)来缩比海军舰船的磁性,该模型可以通过叠加薄的镀锡低碳钢材料对模型厚度进行控制。磁性船模主要由经过抛光的电镀锡板制成,因为其具有良好的焊接和防锈性能。锡板采用厚度为 0.15~1.27mm 的成捆板材生产。在收到材料后,单独测量每个薄片的磁导率-厚度并将其分成组,其差异不超

过±2.5%,并贴上其单、双或三字母标签。缩比模型的部件由一层或多层镀锡板构成,直到达到所需的缩比磁导率-厚度。

虽然在模型中不需要模拟船舶的非磁性部分,但是要做好一个典型的钢壳舰船的磁性物理缩比模型,需要花费许多工时。在模型上再现的一些船舶结构和部件,不仅包括船体、上层建筑、平台、甲板、舱壁、框架、武器和内部机械,还包含螺旋桨轴、轴承套、支撑、方向舵、舭龙骨、锚和链以及声纳的防护结构等。与这些模型细节配套的还有船舶消磁线圈及其引线的安装。磁缩比模型对这种细节的需求已经在60年内得到证实和验证。

尽管希望磁性船模型的尺寸尽可能大,但模型的最大重量和尺寸由实验室测试设施的物理极限来确定。海军磁力测试设施通常可以操纵质量约400kg、长度约为3.5m的模型。因此,用于现代水面舰艇和潜艇的模型缩比范围,为1:30~1:150,具体取决于船级。

磁物理缩比模型测试设施必须能够生成一个磁场,以模拟地球表面上任何位置的地磁。为此,要求实验室的场发生线圈能够在所有方向上消除当地的地磁场,同时具有足够的安匝数以再现任何纬度(包括南半球)的地磁场,以及那个位置的任何磁场航向。希望设施产生的场具有高度的均匀性和稳定性。通常,当在任何方向上测量时,实验室线圈系统的不均匀性小于其主轴上值的0.05%~0.5%。必须在建造的线圈系统内有源测试区域的整个体积上保持施加场的均匀性。建造的模型实验室设施产生尺寸为$3m \times 3.5m \times 12m$的矩形均匀测试体积。为了在庞大体积上实现磁场的高均匀性,要求设施的场发生电缆设计成具有适当的多分段匝数分布,并且以高精度刚性方式安装。

必须进行一些预先设置以补偿实验室内的地磁通量,这可以通过使用地磁场参考传感器,从缩比模型的测量值中减去背景场的变化实现。地磁场参考传感器必须远离设施,以免受模型的磁特征或建筑物线圈系统产生的场影响;否则,后者必须与线圈电流关联并从中减去。理想情况下,地磁场参考传感器应安装在温度恒定的外壳中,防止仪器由于长时间使用而产生漂移,进而污染模型特征值的测量。

为了获得缩比模型特征的最准确测量,应将一排三轴磁通门磁力计安装在模型下方的脊状梁上或围绕它的圆周上。该模型悬挂在移动支撑小车上,移动支撑小车以直线连续移动通过传感器阵列,由传感器阵列测量记录模型的磁场特征,同时精确测量和记录模型相对于传感器的位置。该过程导致在圆柱面或平面上分布的大量的离散采样场点,并理想地沿船长方向向船首之前和船尾之后延伸。期望模型移动从离传感器阵列足够远处开始,并停止在离传感器足够远处,使开始和停止处测量的特征接近背景感应场的基线水平。

除了实验室的均匀励磁线圈系统外,还应配备一个小型电磁阀,可以对缩比模型进行磁化和消磁。为了对其进行消磁,将缓慢阻尼振荡磁场施加到模型上,同时保持近零背景场。为了使模型磁化,可以在施加大的缓慢衰减的振荡场的同时在期望的方向上接通偏置场。缩比模型设施的磁化和消磁螺线管应设计为能够施加至少 2mT 的偏置磁场,同时振荡磁化场至少为 7mT。

在选择建造磁性测试设施的场地和材料时必须小心。必须对建筑物的位置进行选择,以便最大限度地增大其与包含钢铁、动力机械和配电站等建筑物之间的距离,并远离可能带来周期性干扰的道路和高速公路等车辆交通。此外,有必要对新设施的拟定场地进行磁力勘查,并在其周围设置一个大型缓冲区。勘查的目的是确定是否存在任何天然或人造磁性材料埋在该区域,其产生的磁场梯度可能超过设施的均匀性要求,如果是这种情况,则应移除异常磁材料或更换拟定场地。

在为设施选择合适的无磁性位置后,其结构和支撑设备必须由非磁性材料(木材和塑料)制造。如果实验室要进行交变磁场测量,还要尽量使用[①]非磁性但导电的金属,如铝和铜。作为加热和空调、水管和浴室装置、电线管和断路器盒等的一部分,在建造期间,物理上很

---

① 原文误为尽量减少使用——译者注。

小但具有磁性的部件很容易混入设施。必须注意,浇筑在建筑物内或附近的任何混凝土必须使用非磁性石子和水泥。作为预防措施,应筛选每批混凝土中的样品,如果不符合磁性规格,则拒绝整个批次的供货,纠正这种类型错误的代价可能会非常昂贵。

在任何缩比模型试验之前,应使用磁源校准整个测试系统和传感器配置。将小型磁偶极环或短螺线管安装在高架小车上安装缩比模型船的地方。由电源供电的电缆被弯曲并支撑起来,以免干扰试验。采用稳定的直流电流供电,并在测量特征时对其进行监控。当小车以直线移动通过传感器阵列来校准源时,连续采样其相对位置和磁场。将每个传感器轴测量的偶极子的特征与理论计算的偶极子特征进行比较,将发现那些可能已经错位或读数不准确的仪器,由此验证整个试验装置的准确性。

在校准和验证试验装置之后,用缩比磁船模型代替偶极子,必须将模型水平安装,并测量其高于传感器阵列参考点的高度。然后对模型进行去磁(退磁),并将建筑物的三轴感应场列为测试计划中的指定内容。模型经过传感器阵列、一次完整通过轨道整个长度上的磁场测量称为测定。此时通过在相同测试条件下再次测定模型来检查试验的可重复性。如果测试计划有要求,可以使用设施的偏置线圈和高功率磁化/消磁电磁铁沿任何方向进行模型磁化。完成数据采集后应尽快对试验数据进行分析,以确保其质量并避免重新测试。

参考文献

[1] J. D. Jackson, *Classical Electrodynamics*, 3rd ed. Hoboken, NJ: Wiley, 1999, pp. 201 – 203.

[2] L. Frumkis and B. Z. Kaplan, "Spherical and spheroidal shells as models in magnetic detection," *IEEE Trans. Magn.*, vol. 35, no. 5, pp. 4151 – 4158, Sep. 1999.

[3] F. E. Baker and S. H. Brown, "Magnetic induction of spherical and prolate spheroidal bodies with infinitesimally thin current bands having a common axis of symmetry and in a uniform inducing field; a summary," David W. Taylor Naval Ship Res. Dev. Center, West Bethesda, MD, Tech. Rep. DTNSRDC – 81/014, Jan. 1982.

[4] C. H. Sinex, "Dipole and quadrupole analysis of magnetic fields," Johns Hopkins

Univ. Appl. Phys. Lab., Laurel, MD, Tech. Rep. POR-3038, Dec. 1971.

[5] W. R. Smythe, *Static and Dynamic Electricity*. New York: McGraw-Hill, 1968, pp. 290-291.

[6] S. H. Brown and F. E. Baker, "Magnetic induction of ferromagnetic spherical bodies and current bands," *J. Appl. Phys.*, vol. 53, pp. 3981-3990, 1982.

[7] F. E. Baker and S. H. Brown, "Magnetic induction of ferromagnetic prolate spheroidal bodies and infinitesimally thin current bands," *J. Appl. Phys.*, vol. 53, pp. 3991-3996, 1982.

[8] X. Brunotte, G. Meunier, and J. P. Bongiraud, "Ship magnetizations modeling by the finite element method," *IEEE Trans. Magn.*, vol. 29, no. 2, pp. 1970-1975, Mar. 1993.

[9] F. Le Dorze, J. P. Bongiraud, J. L. Coulomb, and P. Labie, "Modeling of degaussing coils effects in ships by the method of reduced scalar potential jump," *IEEE Trans. Magn.*, vol. 34, no. 5, pp. 2477-2480, Sep. 1998.

[10] B. Klimpke (2006, Mar.). A hybrid magnetic field solver: Using a combined finite element/boundary element field approach. *Sensors* [Online]. Available: http://www.sensorsmag.com/articles/0504/14/main.shtml.

[11] "A short history of degaussing," Bureau Ordnance, Washington, DC, Tech. Rep. NAVORD OD 8498, Feb. 1952.

[12] S. Fry and C. E. Barthel, Jr., "Design and construction of the magnetic model of the DE-52," Naval Ordnance Lab., Washington, DC, Tech. Rep. NOLR 811, Jan. 1947.

4 半经验模型

与第 3 章讨论的第一原理数学和物理缩比模型不同,半经验模型根据测量环境和几何形状及威胁环境外推水面舰艇和潜艇的磁特征。要外推的特征可以来自全尺寸船舶的海上测量,也可以来自实验室测试的缩比模型。在任何一种情况下,船舶的数学模型用于实现外推。

在磁性特征的半经验模型外推中有两个步骤:首先制定船舶的等效源数学模型,该模型可用于沿船体外部的任何线或面计算三轴磁特征,这称为前向模型;其次使用逆向模型计算前向模型的源强度,逆模型的输入包括实际磁场测量结果和船到传感器的距离。本章将描述几种类型的前向模型,它们也可用于逆向模型计算。此外,将在理论基础上讨论逆模型的固有不稳定性,以及用于消除不稳定性的正则化技术。

4.1 前向模型

用于描述船舶或潜艇磁特征的最简单数学模型是球形偶极子,也称为点偶极子。点源三轴磁偶极矩与其三轴场分量 B_x、B_y、B_z 的关系式在国际单位制中表示为

$$B_x = \frac{\mu_0 \left[m_x(2x^2 - y^2 - z^2) + 3m_y xy + 3m_z xz \right]}{4\pi (x^2 + y^2 + z^2)^{\frac{5}{2}}} \quad (4.1)$$

$$B_y = \frac{\mu_0 \left[m_y(2y^2 - x^2 - z^2) + 3m_x xy + 3m_z yz \right]}{4\pi (x^2 + y^2 + z^2)^{\frac{5}{2}}} \quad (4.2)$$

$$B_z = \frac{\mu_0 [m_z(2z^2 - x^2 - y^2) + 3m_x xz + 3m_y yz]}{4\pi (x^2 + y^2 + z^2)^{\frac{5}{2}}} \quad (4.3)$$

式中：m_x、m_y、m_z 分别为船舶的纵向、横向和垂向球面偶极矩。

如果现场测量距离足够远，则所有磁体的特征可由方程式(4.1)~式(4.3)表示。仅通过点偶极方程可以精确再现船舶特征的区域称为船舶的远场(在此术语"远场"的使用不应该与时间谐波偶极子的辐射区域相混淆)。反之，船舶或潜艇的磁场近场包含更接近其船体的区域，其中特征更复杂，并需要额外的源项来准确描述。

由于水面舰艇或潜艇的长度比宽度大几倍，因此通常使用长椭球源对其磁特征进行建模。长椭球偶极子模型比球形偶极子可以更准确地再现较近距离上海军舰船的磁特征。如第 3 章所述，使用 $M = 3m/c^2$ 可以将球形偶极矩 m 与椭球矩 M 联系起来，其长轴方向沿 z 轴的三轴长椭球偶极子源的磁场分量可表示为

$$B_x = \frac{3\mu_0}{4\pi c^3} \left\{ m_x \left[\frac{1}{4}\ln\left(\frac{\xi+1}{\xi-1}\right) - \frac{\xi}{2(\xi^2-1)} + \frac{x^2\xi}{r_1 r_2 (\xi^2-1)^2} \right] \right.$$

$$\left. + m_y \left[\frac{xy\xi}{r_1 r_2 (\xi^2-1)^2} \right] + m_z \left[\frac{cx\eta}{r_1 r_2 (\xi^2-1)} \right] \right\} \quad (4.4)$$

$$B_y = \frac{3\mu_0}{4\pi c^3} \left\{ m_x \left[\frac{xy\xi}{r_1 r_2 (\xi^2-1)^2} \right] \right.$$

$$+ m_y \left[\frac{1}{4}\ln\left(\frac{\xi+1}{\xi-1}\right) - \frac{\xi}{2(\xi^2-1)} + \frac{y^2\xi}{r_1 r_2 (\xi^2-1)^2} \right]$$

$$\left. + m_z \left[\frac{cx\eta}{r_1 r_2 (\xi^2-1)} \right] \right\} \quad (4.5)$$

$$B_z = \frac{3\mu_0}{4\pi c^3} \left\{ m_x \left[\frac{cx\eta}{r_1 r_2 (\xi^2-1)^2} \right] + m_y \left[\frac{cy\eta}{r_1 r_2 (\xi^2-1)} \right] \right.$$

$$\left. + m_z \left[-\frac{1}{2}\ln\left(\frac{\xi+1}{\xi-1}\right) + \frac{c^2\xi}{r_1 r_2} \right] \right\} \quad (4.6)$$

式中：m_x、m_y 和 m_z 为等效球偶极矩；ξ、η、c、r_1 和 r_2 在附录中以 x、y 和 z 的函数形式定义。

必须要指出的是，这些方程已经用等效球面偶极矩表示，因此，在远场，方程式(4.1)~式(4.3)分别产生与方程式(4.4)~式(4.6)相同的特征。

为了在非常接近船体的距离处精确再现船舶的磁特征，需要在球形或长椭球形多极子展开中包含更高阶项。关于球形和长椭球高谐次极子(偶极子、四极子和八极子等)的整数次级数展开的方程及其在船舶特征建模中的应用可以参见文献[1]，并且数值例子表明，在此应用中类球形级数比球形级数收敛更快。使用这些公式进行逆向建模时，更快的收敛非常重要。准确再现近场特征所需的谐次项较少，从而需要较少的测量和传感器来求解级数展开中的所有源强度。

作为数学上要求的前提条件，尽管球形和类球形谐次模型使用正交基函数再现磁特征，但混合模型已广泛用于船舶特征分析。最早的磁船数学模型由1个三轴球形偶极子、2个球形四极子以及沿着船舶中心线放置的4~6个三轴球形偶极子组成。研究结果表明，球体源是船舶特征的主要贡献源，而点偶极子再现了船体内部结构和非均匀性的影响。该模型的优点是易于实施。

过去已经考虑过其他几种类型的磁船数学模型。一种模型仅使用已知集中磁性质量所在位置的三轴球形偶极子，另一种模型以多项式描述的连续磁线表示舰艇的磁场。在一种情况下，沿船的中心线放置一列数百个三轴点偶极子。

作为如何实现正向模型的示例，考虑船舶或潜艇的磁化由位于中心线的11个垂向球形磁偶极子表示的情况。本例中使用的偶极子分布如图4.1(a)所示。在这种情况下，它们的最大源强度已归一化为1，并且沿船长在+1~−1之间均匀分布，这里±1是船舶的归一化半长度。在龙骨下为1的无量纲深度上垂向磁特征的计算结果，如图4.1(b)所示。偶极子相对于特征的位置也在图上标示。

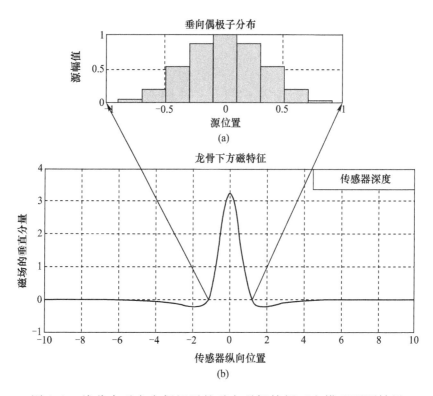

图4.1 线分布垂向点偶极子的垂向磁场特征正向模型预测结果

要计算图4.1(b)所示的磁特征,需要创建两个矩阵。一列包含11个垂向偶极矩$[m_z]$,第二列包含其纵向位置$[x']$。如图4.1(b)所示,列矩阵$[m_z]$中的元素从0到1,然后返回到0,而源的位置列矩阵$[x']$中的元素以10个相等的步长从-1变化到$+1$。现在可以通过设置$m_x = m_y = y = 0$和$z = 1$,根据方程式(4.3)计算每个x_i坐标的磁场,在此示例中,x_i以相等的步长从$-10 \sim 10$。

$$B_i = \sum_{j=1}^{11} c_{i,j} m_j \tag{4.7}$$

式中:

$$c_{i,j} = \frac{\mu_0}{4\pi} \frac{2 - (x_i - x_j')^2}{((x_i - x_j')^2 + 1)^{\frac{5}{2}}}$$

方程式(4.7)可以使用矩阵的形式表示为

$$\begin{bmatrix} c_{1,1} & c_{1,2} & \cdots & c_{1,10} & c_{1,11} \\ c_{2,1} & c_{2,2} & \cdots & c_{2,10} & c_{2,11} \\ \vdots & \vdots & & \vdots & \vdots \\ c_{i-1,1} & c_{i-1,2} & \cdots & c_{i-1,10} & c_{i-1,11} \\ c_{i,1} & c_{i,2} & \cdots & c_{i,10} & c_{i,11} \end{bmatrix} \begin{bmatrix} m_1 \\ m_2 \\ \vdots \\ m_{11} \end{bmatrix} = \begin{bmatrix} B_1 \\ B_2 \\ \vdots \\ B_{i-1} \\ B_i \end{bmatrix} \quad (4.8)$$

或者更简洁地表示为

$$[c][m_z] = [B_z] \quad (4.9)$$

磁性分量 B_z 表示可以在实尺度舰艇上或者在实验室中缩比磁模型上测量采集的数据。

在前面考虑的例子中,11个点偶极子的离散性质在它们产生的总体特征中并不明显。来自每个点源的场贡献如同其磁化被平滑,并与其他点的贡献混合在一起,呈现的这个特性会让人联想到滤波。

可以通过检查泊松方程的积分解说明单个源对船舶总特征的贡献。泊松积分可以表示为格林函数 $g(x-x')$ 的卷积,其中舰艇的磁化分布为 $m(x')$,产生的磁特征为 $h(x)$,正如下式所给出的一维情形:

$$h(x) = \int_a^b g(x-x')m(x')\mathrm{d}x' \quad (4.10)$$

式中:a、b 为船首和船尾的坐标。

使用卷积定理,方程式(4.10)可以在频域表示为

$$H(\omega) = G(\omega)M(\omega) \quad (4.11)$$

式中:$H(\omega)$、$G(\omega)$ 和 $M(\omega)$ 分别为 $h(x)$、$g(x)$ 和 $m(x)$ 的傅里叶变换;ω 为空间频率。

如方程式(4.11)所示,格林函数作为船舶或潜艇磁化分布的滤波器,产生具有较低空间频率的磁特征。一个定性的例子如图 4.2 所示。左侧给出了磁化分布的空间频率成分,当与中心的格林函数谱相乘时,产生右侧的磁特征谱。将磁化谱中的高频率能量与磁场的高频率能量比较,表明它已经被格林函数的低通带特性衰减。当磁场测量距离接近源(在这种情况下为船舶)时,格林函数谱的形状发生变化(图4.3),它允许磁化源的高空间频率进入磁场特征。该特征是由基

本物理特性导致的,与选择的表示舰艇的数学模型无关。

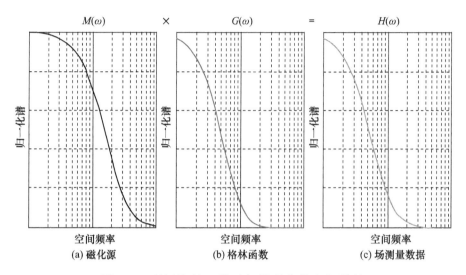

图 4.2　利用格林函数对船舶磁化分布频谱的
滤波预测磁特征空间谱的图形示例

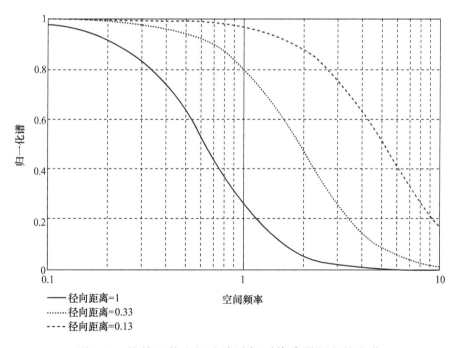

图 4.3　格林函数空间滤波随船到传感器距离的变化

通常,最佳等效源模型是人们的优先选项,如果模型能够以所需精度再现船舶的磁特征,就足够了。虽然某些模型在逆模式问题中使用时可能或多或少不稳定,但由于逆问题的物理属性,所有模型都会受到以下将要讨论的唯一性问题的相同同样影响。

4.2 逆向模型

逆向模型的目的是确定作为前向模型输入所需的等效源强度。一旦计算得到源强度,前向模型可用于预测船舶在其他环境中的磁场,以及船舶-传感器的相对尺寸,包括特定威胁情景中传感器几何尺寸可以测试到的船舶磁场。因此,正向模型与逆向模型紧密相连,实际上是相同的,仅在使用方式上有所不同。

逆向模型的输入包括一个或多个传感器测量得到的船舶或潜艇的磁场,以及船舶轴线相对于传感器的三维坐标和角度方向。可以在船舶系泊于磁传感器阵列上方的情况下进行现场测量,或者更典型地,船舶通过一列传感器航行,称为测定,该"测定"采样获得特征随时间的变化。在后一种情况下,跟踪系统将测量的时域特征转换到空间域。该测定过程根据垂直于船舶航向安装的传感器线阵测量得到的三轴磁场,产生完整的二维空间磁场分布图像。

一旦记录了阵列磁场数据,连同每个测量传感器相对于船的三维坐标,使用逆模型计算,将再现特征的等效源强度。通常,根据测量数据,采用约束线性最小二乘法计算源强度。前面给出的正向模型示例将用于说明反演过程以及与此相关的不稳定性。

在这个反演示例中,图4.1(b)所示的特征代表测量得到的实尺度船舶或缩比模型的磁场。这里的目的是确定11个源强度$[m_z]$,在这种情况下,它是未知数。逆向模型的输入是在$y=0$和$z=1$的阵列传感器位置处测量得到的垂向磁场值$[B_z]$列矩阵,以及纵向坐标值$[x]$组成的列矩阵。需要求解的是方程式(4.9),但在这种情况下,列矩阵$[m_z]$中的元素是未知数。

最小二乘法将用于求解由方程式(4.9)给出的超定方程组。可以根据下式计算标准最小二乘解：

$$[m_z] = [[c]^T[c]]^{-1}[c]^T[B_z] \qquad (4.12)$$

如果在方程式(4.12)中使用图4.1(b)所示的无噪声特征,则需要计算重现图4.1(a)所示的垂向偶极子的正确(原始)分布。但是,如果将$[B_z]$的±1%量级的随机噪声(图4.4(a))叠加到测量结果中,那么用方程式(4.12)计算得的偶极子分布误差将是如图4.4(b)所示结果的970%。显然,逆模型可能非常不稳定,需要进一步研究。可以从卷积方程式(4.11)中找出针对不稳定性问题的原因。重写方程式(4.11)求解$M(\omega)$：

$$M(\omega) = H(\omega)/G(\omega) \qquad (4.13)$$

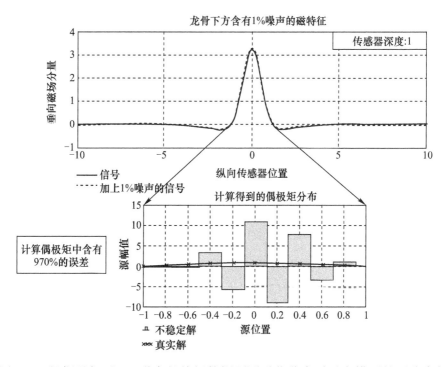

图4.4 根据叠加了1%噪声的特征数据预测磁化分布时逆向模型的不稳定解

如果将小的随机噪声$\Xi(\omega)$添加到场测量数据$H(\omega)$中,则方程

式(4.13)变为

$$M(\omega) = H(\omega)/G(\omega) + \Xi(\omega)/G(\omega) \quad (4.14)$$

如图4.2和图4.3所示，$G(\omega)$在高频处接近于零。因此，在$G(\omega)$较小的频率处出现的任何小的测量噪声$\Xi(\omega)$或实验误差将会显著放大噪声。这种情况在图4.5中定性地给出。利用逆向模型计算得到的磁化分布导致了正确的解加上高空间频率成分上的很大的误差项。在图4.4所示例子的不稳定解中，可以清楚地看到这些特性。

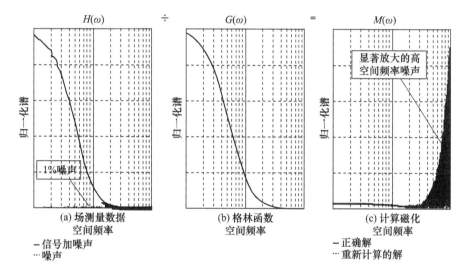

图4.5 在空间频率域中表现出的逆向模型不稳定性的图形示例

鉴于逆向模型不稳定性问题的重要性，需要更加严格的数学解释。从文献[2]证明了的恒等式开始，即

$$\lim_{\omega \to \infty} \int_a^b g(x-x')A\sin(\omega x')\mathrm{d}x' = 0 \quad (4.15)$$

式中：A可以取任意大值。

方程式(4.10)可以重新写为

$$h(x) + \varepsilon(x) = \int_a^b g(x-x')[m(x') + A\sin(\omega x')]\mathrm{d}x' \quad (4.16)$$

式中:即使对于较大的 A,ω 也很大,$\varepsilon(x)$ 可以非常小。如果 $h(x)+\varepsilon(x)$ 表示叠加了噪声的磁特征测量值,则求解船舶磁化的逆问题将产生真实解,外加由 $A\sin(\omega x')$ 引起的大振幅、高频率误差项。在方程式(4.16)中存在许多 A 和 ω 的组合,其将产生与 $\varepsilon(x)$ 同量级的噪声。因此,结论是在存在噪声或实验误差的情况下,逆模型的解不是唯一的,无论其具体形式如何。

前面给出的论述表明,为避免逆向模型的非唯一不稳定性,应尽可能将靠近舰船测量的结果作为输入的磁特征。但是,要准确再现靠近船体的船舶磁特征,需要非常高阶的源项来表示,而在近场逆向模型中包含很多自由度(源项),则传感器数量、船舶跟踪精度要求,以及模型的复杂度都会增加。此外,尽管测量传感器靠近船体,但过多源项的模型仍可能导致不稳定的解。

如果正向模型仅限于预测距离大于或等于逆向模型输入测量值所在距离处的磁特征,则外推的特征仍将是平滑且稳定的。在这个条件下,正向模型的格林函数的截止频率[①]上限小于或等于逆向模型的截止频率。因此,逆向模型引入的所有不正确的高频源强度振荡都被正向模型的低截止频率格林函数滤波器滤除。这也解释了为什么正向模型不能从用作逆向模型输入的阵列传感器测量结果,通过外推得到测量距离内船舶的磁特征。

有时,需要标明舰船中磁化强度的相对分布,以便在特征减少系统的设计和校准期间分离出问题严重的区域。在这种情况下,舰船逆向模型的稳定性是一个必须解决的问题。由于所有逆向模型本质上具有非唯一解,因此必须在问题中引入附加信息,以便从所有可能的解中选择最接近当前应用所需的解。

已经开发了许多技术用于使间接测量问题的解变得稳定。一些用于射电天文学和辐射测量学、地震学、光学、地球物理学、声学和大气遥感等问题的更经典的方法可参见文献[3]。从非唯一解的集合中选择所需解的判据,包括解的最平滑条件(最小的一阶或二阶导

---

① 指空间域频率——译者注。

数)、最接近期望分布的解以及最小能量解。通常,水面舰艇和潜艇特征的逆建模使用最小能量判据。

应用于磁场逆模型的最小能量判据要求计算的源强度的平方和最小,同时良好地再现船舶特征。最小能量约束的数学基础在文献[3]中推导获得,其实现起来简单明了。通过修改方程式(4.12),将最小能量约束引入到特征逆问题中,得到

$$[m_z] = [[c]^T[c] + [I]\alpha]^{-1}[c]^T[B_z] \qquad (4.17)$$

式中:$[I]$为单位阵;α为加权因子(也称为阻尼因子)。

实践中,α根据经验调整以产生最小能量解,同时α也再现了输入特征中与测量系统的噪声水平同量级的误差范围。如果使用方程式(4.17)代替方程式(4.12),对图4.6(a)带噪声的特征求逆,则计算得到图4.6(b)所示的光顺解。这种稳定的解接近所需的源分布(在2%误差内),并在图4.6(a)所示的噪声水平内再现了原始输入特征。

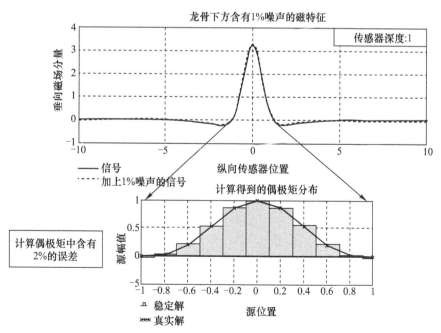

图4.6 根据叠加了1%噪声的特征数据预测磁化分布的逆模型的稳定解

将船体材料的特性用作解决逆问题所需的附加信息[4]，该技术不使用前面描述的数值稳定方法，而是通过在船体附近进行磁场测量，并根据磁化物理与近场源项联系起来，以减少未知数，然后使用标准的矩阵求逆方法计算求解，从而解决这个问题。

参考文献

[1] A. V. Kildishev and J. A. Nyenhuis, "Zonal magnetic signatures in spherical and prolate spheroidal analysis," in *Proc. MARELEC* 1999, Jul., pp. 231 – 242.

[2] J. W. Dettman, *Mathematical Methods in Physics and Engineering*. New York: McGraw – Hill, 1962, pp. 369 – 370.

[3] S. Twomey, *Introduction to the Mathematics of Inversion in Remote Sensing and Indirect Measurement*. Mineola, NY: Dover, 1977.

[4] O. Chadebec, J. L. Couloumb, G. Cauffet, and J. P. Bongiraud, "How to well pose a magnetization identification problem," *IEEETrans. Magn.*, vol. 39, no. 3, pp. 1634 – 1637, May 2003.

5 总 结

60多年来，数学与物理模型已成功应用于预测和推断水面舰艇及潜艇的铁磁特征。两大类船体模型分别是正向模型和逆向模型，其中正向模型可以进一步细分为物理缩比模型和数学模型，而逆向模型本质上是半经验模型。

第一原理模型属于正向模型，使用船舶的组成参数预测磁特征。第一原理模型的输入参数包括船体的几何形状、内部结构、机械和设备以及它们的磁性参数。第一原理模型主要用于预测仍在设计中的船舶的未补偿和补偿场。使用第一原理模型调整船舶特征减少系统的设计，以优化性能，最大限度地降低成本以及对船舶和系统的影响。

水面舰艇和潜艇的磁性物理缩比模型属于第一原理建模技术中发展较早的一种，起源于第二次世界大战期间。有两种技术可以用于设计海军舰艇的物理缩比磁模型。厚度缩比是对所有船舶尺寸包括船体的厚度的简单缩比，同时在缩比模型的构造中使用与实尺度船舶相同的钢。对于某些船型，由于船体太薄，缩比后无法按精确的规格加工且在施工和后续测试期间保持船体不发生变形。此时，就需要采用磁导率-厚度模型，它可以由与实尺度船舶不同磁性和力学性能的材料构造，只要模型与船体的磁导率-厚度乘积相同。目前，水面舰艇和潜艇的磁性物理缩比模型仍然用于设计先进的消磁系统。

第一原理数学模型包括理想化船体形状感应磁化的简单分析公式和消磁环效应，直至复杂形状船体、内部结构和机械设备磁特性的详细数值模拟。本书介绍了广义坐标系及其矢量算子，并对球坐标系和长椭球坐标系中的示例进行了详细介绍。另外,还分析了采用有限元技术对船舶磁特征进行数值建模的优缺点,提出了改进实施的建议。

半经验模型用于将水面舰艇与潜艇的磁特征从测量环境和几何形状外推到威胁环境。该技术可以分为两步:首先构建船舶等效源的数学正向模型,由此可以计算船体周围任何位置的三轴磁场;其次使用逆向模型估算等效源的强度,该模型使用实际磁场测量数据和船到传感器的几何尺寸作为输入。尽管使用逆向模型计算的源强度本质上不稳定且需要正则化,但是在大于或等于作为输入的阵列传感器测量磁场的距离上,总是可以正确模拟得到稳定的特征。如果将这些模拟特征与几何相同的传感器配置得到的实际磁场测量结果比较,则可以量化半经验模型的精度。

在使用数学和物理缩比模型之前,验证和确认是绝对必要的。模型验证的目的是检查麦克斯韦方程是否已正确应用于该问题,检查这些方程解的数学表示的误差,并验证后续手工计算或数值计算解的计算机程序的准确性。验证可以通过对模型的制定和实施进行独立的同行评审完成,也可以通过与经典问题简化后的解析解比较完成,以及通过与由其他研究者开发的不同模型预测的特征进行比较完成。

第3章中给出了两个模型验证的示例。在第一个例子中,将球壳的解析公式预测的感应特征与长度设置等于宽度的长椭球壳的结果进行比较。在这种情况下,检验了带经典边界值问题的长椭球模型的解。模型验证的另一个例子如图3.8和图3.9所示。这里,将根据空芯消磁环的解析公式计算的场与相对磁导率设定为1的由船体球壳模型内部的场进行比较。虽然这些比较可能看起来微不足道,但通过此验证可能会在建模的早期阶段发现公式错误。

将数学建模得到的磁特征与在实验室中针对物理模型测量的磁特征进行比较,可以实现更高水平的模型验证。例如,在图5.1中比较了使用式(3.26)解析计算并在实心长椭球体上进行实验测量[1]的垂向特征。在椭球体的纵轴上施加18000nT的均匀磁场,椭球体的相对磁导率为80,主、次轴长度分别为1.52m和0.15m。传感器位于球状体主轴下方0.18m处。如图5.1所示,两种模型之间的一致性良好,虽然它们并不能准确地代表一艘船,但确实可以证明理论的正确性,同时也表明了已经建立的实验技术的合理性。由模型预测的海军舰船磁特征必须通过实际测量的验证。

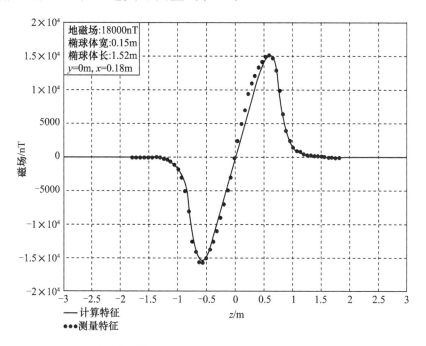

图5.1 长椭球体感应纵向磁化的垂向磁特征的计算值与
实验室物理模型上的测量值的比较

只有在较长时间内完成了模型和实尺度测量之间的比较,一致性令人满意,已建立磁特征准确预测的可靠记录时,才算实现了更为困难而有效的验证任务。验证是一个包罗万象的过程,它表征了模型及其预测是不是可以用于对真实世界进行预测。在这种情况下,在实尺度船舶上测量的磁场结果应落入模拟预测结果附近的足够窄的范围内[①],以保证该模型设计针对的特征消减系统满足所要求的指标。很

---

① 精度足够高,误差足够小——译者注。

多时候,模型验证被错误地引用并被确认。

在确认第一原理模型时,预测特征与实际现场测量之间的比较应该是双盲测试的一部分。对 DE 52 级驱逐舰测量的垂向磁场特征与其缩比模型预测结果的比较如图 5.2 所示[2]。试验场地的地磁场在垂直方向上为 52000nT,在水平(南北)方向上为 17000nT。图中较低的一组特征是船舶感应纵向磁化(ILM)与其模型预测结果的比较。图中上部是总垂向磁化(EVM)特征的比较,总垂向磁化是感应垂直磁化(IVM)和固定垂直磁化(PVM)的总和。预测和真实特征之间的差异小于场峰值的 10%,根据 60 年的经验,缩比模型的预测结果是典型的、可接受的。

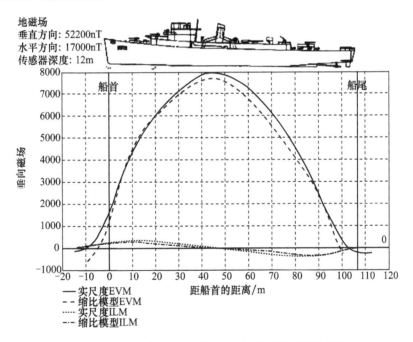

图 5.2 实尺度 DE 52 级驱逐舰和其缩比模型的
感应纵向磁化及总垂直磁化的比较

对磁模型的一个重要要求是能够可靠地预测特征减少系统的性能。消磁线圈是用于主动消除海军舰船磁场的主要系统。M 线圈用于补偿船舶的垂直磁化强度。由消磁环电流的 1A 变化所产生的舰船磁特征的变化定义为环路效应。如图5.3是对几艘不同的DE 52级船舶在12m深度测得的M线圈效应的平均值与缩比模型预测值的比较。数据显示,M线圈环效应在同级别的船舶之间有大约10%的差异,缩比模型的预测值落在该范围内。

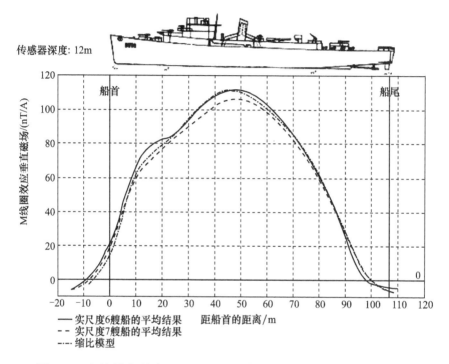

图5.3 在几艘实尺度DE 52级驱逐舰上测量的M线圈环效应的垂直分量与其缩比模型预测结果的比较

一般来说,采用经过适当设计和建造的缩比模型所预测的特征值,处于同一级别的不同船舶的磁场差异范围内。然而,由于在不同船舶的测量特征之间存在10%的差异被认为是一致的,因此没有哪个第一原理模型可以给出优于10%精度的结果。

水面舰艇和潜艇的解析、数值和物理缩比磁模型都是降低特征减少系统设计风险和成本的重要工具。但是,模型的输出结果不应被视为绝对真实和设计无误的证明。例如,导致康涅狄格州哈特福德文娱中心屋顶在1978年倒塌的设计缺陷,就被追溯到有缺陷的假设,这些假设被用作其框架构件的复杂计算机模型的输入[3]。虽然应用的结构理论和复杂计算机软件的编程被证实是正确的,但由于程序中输入的过度简化和参数是不正确的,构造的模型还是无效的。

建模与模拟不能代替批判性思维和工程经验的判断。有许多供应商和大学研究人员已经开发出准确且经过验证的有限元和边界元软件包。但是,这些程序的用户负责开发准确且经过验证的模型,如果将不正确的输入信息放入经过验证的软件中,最终不会产生真实有效的输出结果。甚至在原始测试的参数范围之外使用模型,也会破坏先前已经过验证的模型的有效性。

模型只是确认或消除工程师在关键分析时可能发生设计错误的工具,绝不应取代判断和经验。数值与缩比模型的输出结果经常被当作明确的事实和毫无疑问的真实。在更糟糕的情况下,它们被盲目地用来证明基于错误的先入为主的想法而选择的糟糕设计。舰船或任何模型的电磁特征输出结果,都应始终受到质疑和认真的检查。这是由于现实世界太复杂,难以通过模拟进行精确再现。

参考文献

[1] J. A. Ford, "Magnetic signatures of ellipsoid models VII," Naval Ordnance Lab., Silver Spring, MD, Rep. EED Com. No. 4013, Jan. 1966.

[2] H. P. Hanson and G. L. Parsons, "A comparison of magnetic fields of ships and their magnetic models," Naval Ordnance Lab., Washington, DC, Rep. Tech. Com. No. 8655, Aug. 1946.

[3] H. Petroski, *Design Paradigms: Case Histories of Error and Judgment in Engineering*, 1st ed. Cambridge, UK: Cambridge University Press, 1994.

附录Ⅰ 坐标变换和运算符

1. 直角坐标系

直角(或笛卡儿)坐标系是应用最广泛、最简单、最直接的坐标系。图Ⅰ.1是直角坐标系,以及保持其中一个坐标固定而形成的平面。描述直角坐标系中的度量、梯度、散度、拉普拉斯算子和旋度算子的方程如下。

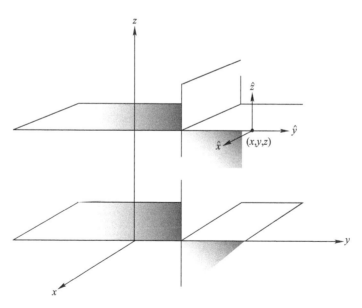

图Ⅰ.1 直角坐标系

坐标:

$$(x,y,z), -\infty \leqslant x < \infty, -\infty \leqslant y < \infty, -\infty \leqslant z < \infty \quad (Ⅰ.1)$$

度量：
$$h_x = h_y = h_z = 1 \quad (\text{I}.2)$$

梯度：
$$\nabla \Phi = \hat{x}\frac{\partial \Phi}{\partial x} + \hat{y}\frac{\partial \Phi}{\partial y} + \hat{z}\frac{\partial \Phi}{\partial z} \quad (\text{I}.3)$$

散度：
$$\nabla \cdot \boldsymbol{H} = \frac{\partial H_x}{\partial x} + \frac{\partial H_y}{\partial y} + \frac{\partial H_z}{\partial z} \quad (\text{I}.4)$$

拉普拉斯算子：
$$\nabla^2 \Phi = \frac{\partial^2 \Phi}{\partial x^2} + \frac{\partial^2 \Phi}{\partial y^2} + \frac{\partial^2 \Phi}{\partial z^2} \quad (\text{I}.5)$$

旋度算子：
$$\nabla \times \boldsymbol{H} = \hat{x}\left(\frac{\partial H_z}{\partial y} - \frac{\partial H_y}{\partial z}\right) + \hat{y}\left(\frac{\partial H_x}{\partial z} - \frac{\partial H_z}{\partial x}\right) + \hat{z}\left(\frac{\partial H_y}{\partial x} - \frac{\partial H_x}{\partial y}\right) \quad (\text{I}.6)$$

2. 柱坐标系

第一个曲线坐标系是柱坐标系，如图 I.2 所示，其中 z 轴通常为沿圆柱体的长度方向。直角坐标系和柱坐标系之间的坐标和矢量转换，以及度量、梯度、散度、拉普拉斯算子和旋度算子如下：

坐标：
$$(\rho, \varphi, z), 0 \leq \rho < \infty, \quad 0 \leq \varphi \leq 2\pi, -\infty \leq z < \infty \quad (\text{I}.7)$$

度量：
$$h_\rho = 1, \quad h_\varphi = \rho, \quad h_z = 1 \quad (\text{I}.8)$$

直角坐标系到柱坐标系的转换：
$$\rho = \sqrt{x^2 + y^2} \quad (\text{I}.9\text{a})$$

$$\varphi = \arctan\left(\frac{y}{x}\right) \quad (\text{I}.9\text{b})$$

$$z = z \tag{I.9c}$$

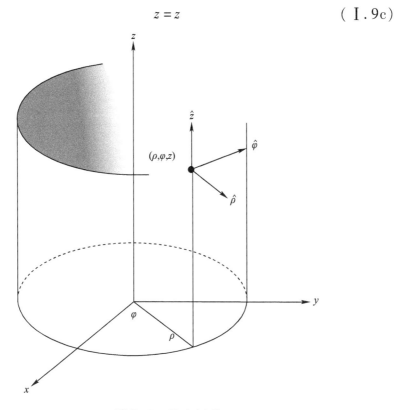

图 I.2 柱坐标系

直角坐标系到柱坐标系的矢量转换：

$$H_\rho = H_x\cos\varphi + H_y\sin\varphi \tag{I.10a}$$

$$H_\varphi = -H_x\sin\varphi + H_y\cos\varphi \tag{I.10b}$$

$$H_z = H_z \tag{I.10c}$$

柱坐标系到直角坐标系的转换：

$$x = \rho\cos\varphi \tag{I.11a}$$

$$y = \rho\sin\varphi \tag{I.11b}$$

$$z = z \tag{I.11c}$$

柱坐标系到直角坐标的矢量转换：

$$H_x = H_\rho\cos\varphi - H_\varphi\sin\varphi \tag{I.12a}$$

$$H_y = H_\rho \sin\varphi + H_\varphi \cos\varphi \quad (\text{I}.12\text{b})$$

$$H_z = H_z \quad (\text{I}.12\text{c})$$

梯度：

$$\nabla \Phi = \hat{\rho}\frac{\partial \Phi}{\partial \rho} + \hat{\varphi}\frac{\partial \Phi}{\partial \varphi} + \hat{z}\frac{\partial \Phi}{\partial z} \quad (\text{I}.13)$$

散度：

$$\nabla \cdot \boldsymbol{H} = \frac{1}{\rho}\frac{\partial}{\partial \rho}(\rho H_\rho) + \frac{1}{\rho}\frac{\partial H_\varphi}{\partial \varphi} + \frac{\partial H_z}{\partial z} \quad (\text{I}.14)$$

拉普拉斯算子：

$$\nabla^2 \Phi = \frac{1}{\rho}\frac{\partial}{\partial \rho}\left(\rho \frac{\partial \Phi}{\partial \rho}\right) + \frac{1}{\rho^2}\frac{\partial^2 \Phi}{\partial \varphi^2} + \frac{\partial^2 \Phi}{\partial z^2} \quad (\text{I}.15)$$

旋度算子：

$$\nabla \times \boldsymbol{H} = \hat{\rho}\left(\frac{1}{\rho}\frac{\partial H_z}{\partial \varphi} - \frac{\partial H_\varphi}{\partial z}\right) + \hat{\varphi}\left(\frac{\partial H_\rho}{\partial z} - \frac{\partial H_z}{\partial \rho}\right) + \hat{z}\left(\frac{1}{\rho}\frac{\partial(\rho H_\varphi)}{\partial \rho} - \frac{1}{\rho}\frac{\partial H_\rho}{\partial \varphi}\right)$$

$$(\text{I}.16)$$

3. 球坐标系

球坐标系如图Ⅰ.3所示。直角坐标系和球坐标系之间的坐标和矢量转换，以及度量、梯度、散度、拉普拉斯算子和旋度算子如下：

坐标：

$$(r,\theta,\varphi), \quad 0 \leqslant r < \infty, \quad 0 \leqslant \theta \leqslant \pi, \quad 0 \leqslant \varphi \leqslant 2\pi \quad (\text{I}.17)$$

度量：

$$h_r = 1, \quad h_\theta = r, \quad h_\varphi = r\sin\theta \quad (\text{I}.18)$$

直角坐标系到球坐标系的转换：

$$r = (x^2 + y^2 + z^2)^{\frac{1}{2}} \quad (\text{I}.19\text{a})$$

$$\theta = \arccos\left(\frac{z}{(x^2+y^2+z^2)^{\frac{1}{2}}}\right) \quad (\text{I}.19\text{b})$$

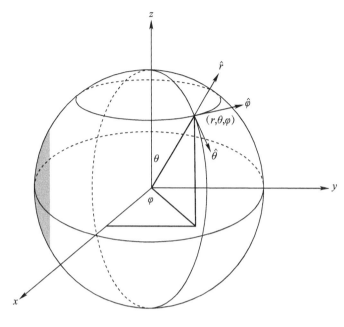

图 I.3 球坐标系

$$\varphi = \arctan\left(\frac{y}{x}\right) \quad (\text{I}.19\text{c})$$

直角坐标系到球坐标系的矢量转换：

$$H_r = H_x\sin\theta\cos\varphi + H_y\sin\theta\sin\varphi + H_z\cos\theta \quad (\text{I}.20\text{a})$$

$$H_\theta = H_x\cos\theta\cos\varphi + H_y\cos\theta\sin\varphi - H_z\sin\theta \quad (\text{I}.20\text{b})$$

$$H_\varphi = -H_x\sin\varphi + H_y\cos\theta \quad (\text{I}.20\text{c})$$

球坐标系到直角坐标系的转换：

$$x = r\sin\theta\cos\varphi \quad (\text{I}.21\text{a})$$

$$y = r\sin\theta\sin\varphi \quad (\text{I}.21\text{b})$$

$$z = r\cos\theta \quad (\text{I}.21\text{c})$$

球坐标系到直角坐标系的矢量转换：

$$H_x = H_r\sin\theta\cos\varphi + H_\theta\cos\theta\cos\varphi - H_\varphi\sin\varphi \quad (\text{I}.22\text{a})$$

$$H_y = H_r \sin\theta\sin\varphi + H_\theta \cos\theta\sin\varphi + H_\varphi \cos\varphi \quad (\text{I}.22\text{b})$$

$$H_z = H_r \cos\theta - H_\theta \sin\theta \quad (\text{I}.22\text{c})$$

梯度：

$$\nabla \Phi = \hat{r}\frac{\partial \Phi}{\partial r} + \hat{\theta}\frac{\partial \Phi}{\partial \theta} + \hat{\varphi}\frac{1}{r\sin\theta}\frac{\partial \Phi}{\partial \varphi} \quad (\text{I}.23)$$

散度：

$$\nabla \cdot \boldsymbol{H} = \frac{1}{r^2}\frac{\partial}{\partial r}(r^2 H_r) + \frac{1}{r\sin\theta}\frac{\partial}{\partial \theta}(\sin\theta H_\theta) + \frac{1}{r\sin\theta}\frac{\partial H_\varphi}{\partial \varphi} \quad (\text{I}.24)$$

拉普拉斯算子：

$$\nabla^2 \Phi = \frac{1}{r^2}\frac{\partial}{\partial r}\left(r^2\frac{\partial \Phi}{\partial r}\right) + \frac{1}{r^2\sin\theta}\frac{\partial}{\partial \theta}\left(\sin\theta\frac{\partial \Phi}{\partial \theta}\right) + \frac{1}{r^2\sin^2\theta}\frac{\partial^2 \Phi}{\partial \varphi^2} \quad (\text{I}.25)$$

旋度算子：

$$\nabla \times \boldsymbol{H} = \frac{\hat{r}}{r\sin\theta}\left(\frac{\partial}{\partial \theta}(H_\varphi \sin\theta) - \frac{\partial H_\theta}{\partial \varphi}\right) + \frac{\hat{\theta}}{r}\left(\frac{1}{\sin\theta}\frac{\partial H_r}{\partial \varphi} - \frac{\partial}{\partial r}(rH_\varphi)\right)$$

$$+ \frac{\hat{\varphi}}{r}\left(\frac{\partial}{\partial r}(rH_\theta) - \frac{\partial H_r}{\partial \theta}\right) \quad (\text{I}.26)$$

4. 长椭球坐标系

长椭球坐标系如图 2.1 所示。直角坐标系和长椭球坐标系之间的坐标和矢量转换，以及度量、梯度、散度、拉普拉斯算子和旋度算子如下：

坐标：

$$(\xi, \eta, \varphi), \quad 1 \leq \xi \leq \infty, \quad -1 \leq \eta \leq 1, \quad 0 \leq \varphi \leq 2\pi \quad (\text{I}.27)$$

度量：

$$h_\xi = c\sqrt{\frac{\xi^2 - \eta^2}{\xi^2 - 1}} \quad (\text{I}.28\text{a})$$

$$h_\eta = c\sqrt{\frac{\xi^2 - \eta^2}{1 - \eta^2}} \quad (\text{I}.28\text{b})$$

$$h_\varphi = c\sqrt{(\xi^2-1)(1-\eta^2)} \quad (\text{I}.28c)$$

式中：$c=\sqrt{a^2-b^2}$为长椭球体焦距的一半，a、b分别为以$\pm c$为焦点的椭球体的长和宽的一半。

直角坐标系到长椭球体坐标系的转换：

$$\xi = \frac{r_2+r_1}{2c} \quad (\text{I}.29a)$$

$$\eta = \frac{r_2-r_1}{2c} \quad (\text{I}.29b)$$

$$\varphi = \arctan\left(\frac{y}{x}\right) \quad (\text{I}.29c)$$

式中：

$$r_1 = \sqrt{x^2+y^2+(z-c)^2}$$

$$r_2 = \sqrt{x^2+y^2+(z+c)^2}$$

直角坐标系到长椭球坐标的矢量变换：

$$H_\xi = \xi\sqrt{\frac{1-\eta^2}{\xi^2-\eta^2}}\cos\varphi H_x + \xi\sqrt{\frac{1-\eta^2}{\xi^2-\eta^2}}\sin\varphi H_y + \eta\sqrt{\frac{\xi^2-1}{\xi^2-\eta^2}}H_z$$

$$(\text{I}.30a)$$

$$H_\eta = -\eta\sqrt{\frac{\xi^2-1}{\xi^2-\eta^2}}\cos\varphi H_x - \eta\sqrt{\frac{\xi^2-1}{\xi^2-\eta^2}}\sin\varphi H_y + \xi\sqrt{\frac{1-\eta^2}{\xi^2-\eta^2}}H_z$$

$$(\text{I}.30b)$$

$$H_\varphi = -\sin\varphi H_x + \cos\varphi H_y \quad (\text{I}.30c)$$

长椭球体坐标系到直角坐标系的转换：

$$x = c\sqrt{(\xi^2-1)(1-\eta^2)}\cos\varphi \quad (\text{I}.31a)$$

$$y = c\sqrt{(\xi^2-1)(1-\eta^2)}\sin\varphi \quad (\text{I}.31b)$$

$$z = c\xi\eta \quad (\mathrm{I}.31\mathrm{c})$$

长椭球体坐标系到直角坐标系的矢量转换：

$$H_x = \xi\sqrt{\frac{1-\eta^2}{\xi^2-\eta^2}}\cos\varphi H_\xi - \eta\sqrt{\frac{\xi^2-1}{\xi^2-\eta^2}}\cos\varphi H_\eta - \sin\varphi H_\varphi$$

$$(\mathrm{I}.32\mathrm{a})$$

$$H_y = \xi\sqrt{\frac{1-\eta^2}{\xi^2-\eta^2}}\sin\varphi H_\xi - \eta\sqrt{\frac{\xi^2-1}{\xi^2-\eta^2}}\sin\varphi H_\eta + \cos\varphi H_\varphi \quad (\mathrm{I}.32\mathrm{b})$$

$$H_z = \eta\sqrt{\frac{\xi^2-1}{\xi^2-\eta^2}}H_\xi + \xi\sqrt{\frac{1-\eta^2}{\xi^2-\eta^2}}H_\eta \quad (\mathrm{I}.32\mathrm{c})$$

梯度：

$$\nabla\Phi = \hat{\xi}\frac{1}{c}\sqrt{\frac{\xi^2-1}{\xi^2-\eta^2}}\frac{\partial\Phi}{\partial\xi} + \hat{\eta}\frac{1}{c}\sqrt{\frac{1-\eta^2}{\xi^2-\eta^2}}\frac{\partial\Phi}{\partial\eta} + \hat{\varphi}\frac{1}{c}\frac{1}{\sqrt{\xi^2-\eta^2}}\frac{\partial\Phi}{\partial\varphi}$$

$$(\mathrm{I}.33)$$

散度：

$$\nabla\cdot\boldsymbol{H} = \frac{1}{c}\frac{1}{(\xi^2-\eta^2)}\Big[\frac{\partial}{\partial\xi}(H_\xi\sqrt{(\xi^2-\eta^2)(\xi^2-1)})$$

$$+\frac{\partial}{\partial\eta}(H_\eta\sqrt{(\xi^2-\eta^2)(\xi^2-1)})$$

$$+\frac{\partial}{\partial\varphi}\left(H_\varphi\frac{\xi^2-\eta^2}{\sqrt{(\xi^2-\eta^2)(\xi^2-1)}}\right)\Big] \quad (\mathrm{I}.34)$$

拉普拉斯算子：

$$\nabla^2\Phi = \frac{1}{c^2(\xi^2-\eta^2)}\Big[\frac{\partial}{\partial\xi}\Big((\xi^2-1)\frac{\partial\Phi}{\partial\xi}\Big) + \frac{\partial}{\partial\eta}\Big((1-\eta^2)\frac{\partial\Phi}{\partial\eta}\Big)$$

$$+\frac{\xi^2-\eta^2}{(\xi^2-1)(1-\eta^2)}\frac{\partial^2\Phi}{\partial\varphi^2}\Big] \quad (\mathrm{I}.35)$$

旋度算子：

$$\nabla \times \boldsymbol{H} = \frac{\hat{e}_\xi}{c}\left[\frac{1}{\sqrt{(\xi^2-\eta^2)}}\frac{\partial}{\partial\eta}(\sqrt{1-\eta^2}H_\varphi) - \frac{1}{\sqrt{(\xi^2-1)(1-\eta^2)}}\frac{\partial H_\eta}{\partial\varphi}\right]$$

$$+\frac{\hat{e}_\eta}{c}\left[\frac{1}{\sqrt{(\xi^2-1)(1-\eta^2)}}\frac{\partial H_\xi}{\partial\varphi} - \frac{1}{\sqrt{\xi^2-\eta^2}}\frac{\partial}{\partial\xi}(\sqrt{(\xi^2-1)}H_\varphi)\right]$$

$$+\frac{\hat{e}_\varphi}{c}\left[\sqrt{\frac{\xi^2-1}{\xi^2-\eta^2}}\frac{\partial}{\partial\xi}(\sqrt{\xi^2-\eta^2}H_\eta) - \sqrt{\frac{1-\eta^2}{\xi^2-\eta^2}}\frac{\partial}{\partial\eta}(\sqrt{\xi^2-\eta^2}H_\xi)\right]$$

(Ⅰ.36)

有关电磁建模中所有矢量算子可以参见文献[1]，其中还有关于曲线坐标系深入的数学处理。文献[2]和文献[3]对长椭球体坐标系进行了全面深入的讨论。

参考文献

[1] G. B. Arfkin and H. J. Weber, *Mathematical Methods for Physicists*. San Diego, CA：Academic, 2001, pp. 103 – 131.

[2] G. B. Arfkin, *Mathematical Methods for Physicists*, 2nd ed. New York：Academic, 1970, pp. 72 – 107.

[3] P. M. Morse and H. Feshbach, *Methods of Theoretical Physics*, Part I. New York：McGraw – Hill, 1953.

附录Ⅱ 毕奥－萨伐尔定律

可以根据磁矢量电势 $\boldsymbol{A}$ 和电流密度 $\boldsymbol{J}$ 之间的关系推导出毕奥－萨伐尔定律。将方程式(3.10)重新在直角坐标系中表示为

$$\boldsymbol{A}(x,y,z) = \frac{\mu_0}{4\pi}\int_{V'}\frac{\boldsymbol{J}(x',y',z')}{\sqrt{(x-x')^2+(y-y')^2+(z-z')^2}}\mathrm{d}v'$$

(Ⅱ.1)

如图 I.1 为直角坐标系。如果恒定电流 I 沿着 z 轴从 a 流到 b，则 $\boldsymbol{J}(x',y',z')\mathrm{d}v' = I\mathrm{d}z'\hat{a}_z$，且方程式(Ⅱ.1)变为

$$A_z(x,y,z) = \frac{\mu_0 I}{4\pi}\int_a^b \frac{1}{\sqrt{x^2+y^2+(z-z')^2}}\mathrm{d}z' \qquad (Ⅱ.2)$$

计算 $\nabla \times \boldsymbol{A}$ 得到

$$B_x(x,y,z) = \frac{-\mu_0 Iy}{4\pi}\int_a^b \frac{1}{\left[(x-x')^2+(y-y')^2+(z-z')^2\right]^{\frac{3}{2}}}\mathrm{d}z'$$

(Ⅱ.3)

$$B_y(x,y,z) = \frac{\mu_0 Ix}{4\pi}\int_a^b \frac{1}{\left[(x-x')^2+(y-y')^2+(z-z')^2\right]^{\frac{3}{2}}}\mathrm{d}z'$$

(Ⅱ.4)

式中：B_x、B_y 为直角坐标系中磁通密度的分量。

对式(Ⅱ.3)和式(Ⅱ.4)积分并简化，可得

$$B_x(x,y,z) = \frac{-\mu_0 Iy}{4\pi(x^2+y^2)}\left(\frac{z-a}{[x^2+y^2+(z-a)^2]^{\frac{1}{2}}}-\frac{z-b}{[x^2+y^2+(z-b)^2]^{\frac{1}{2}}}\right)$$

(Ⅱ.5)

$$B_y(x,y,z) = \frac{\mu_0 Ix}{4\pi(x^2+y^2)} \left(\frac{z-a}{[x^2+y^2+(z-a)^2]^{\frac{1}{2}}} - \frac{z-b}{[x^2+y^2+(z-b)^2]^{\frac{1}{2}}} \right)$$

(Ⅱ.6)

式(Ⅱ.5)和式(Ⅱ.6)可用于近似获得空心消磁线圈的磁场,其中使用直线段表示具有复杂形状环路的电缆走向。但是,在修改式(Ⅱ.5)和式(Ⅱ.6)用于不沿 z 轴方向的电流段时必须小心。